ÉLÉMENTS

DE

TAKYMÉTRIE

ÉLÉMENTS
DE
TAKYMÉTRIE

(GÉOMÉTRIE NATURELLE)

A L'USAGE

DES INSTITUTEURS PRIMAIRES, DES ÉCOLES PROFESSIONNELLES
DES AGENTS DES TRAVAUX PUBLICS, ETC.

PAR

M. J. DALSÈME

ANCIEN ÉLÈVE DE L'ÉCOLE POLYTECHNIQUE
PROFESSEUR A L'ÉCOLE NORMALE DES INSTITUTEURS DE LA SEINE

TROISIÈME ÉDITION

OUVRAGE ORNÉ DE 84 FIGURES TIRÉES EN CHROMO-TYPOGRAPHIE

PARIS

LIBRAIRIE CLASSIQUE D'EUGÈNE BELIN

RUE DE VAUGIRARD, N° 52

1880

Tout exemplaire de cet ouvrage non revêtu de ma griffe sera réputé contrefait.

Eug. Belin

ÉLÉMENTS
DE
TAKYMÉTRIE

PREMIÈRE LEÇON

Sommaire. — Définitions. — Volume, surface, ligne et point. — Ligne droite. Ligne brisée. — Plan. — Angles. Angle droit ou d'équerre. Perpendiculaires. — Parallèles. — Lignes courbes. — Les deux règles fondamentales de la takymétrie.

Volume. — Prenons un objet quelconque, une pierre par exemple. Cette pierre est plus ou moins grosse; elle tient plus ou moins de place. Cette portion d'espace qu'elle occupe est son *volume*.

Surface. — Tant que nous ne brisons pas la pierre, nous n'en apercevons que l'extérieur. Elle est bornée dans tous les sens par sa *surface*. La surface est donc la limite qui la sépare de l'espace environnant.

Quand on regarde ou que l'on manie un objet, c'est sa surface que l'on voit ou que l'on touche. Elle constitue l'enveloppe et comme le vêtement de l'objet; mais un vêtement sans épaisseur.

Ligne. — Sur une surface quelconque, une boule, par exemple, ou, ce qui sera plus commode, une feuille de papier, promenons la pointe fine d'un crayon; le crayon laisse une trace qu'on nomme une *ligne*.

Les lignes ne comptent que par leur longueur; il faut se les figurer comme n'ayant aucune largeur appréciable.

1

Point. — Enfin, si au lieu de promener le crayon sur la feuille de papier, on se contente de la piquer légèrement, on dépose une petite empreinte : un *point*. Pour concevoir un point mathématique, il suffit d'imaginer la piqûre comme tellement légère, tellement ténue, qu'elle en serait devenue invisible. Car on n'attribue à un point ni épaisseur, ni largeur, ni longueur.

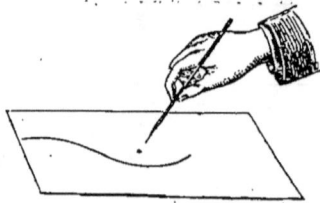
Fig. 1. — Surface, ligne et point.

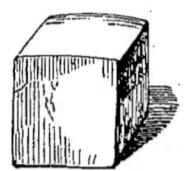
Fig. 2. — Pavé.

De même que les volumes sont bornés par des surfaces; de même les surfaces sont le plus souvent limitées par des lignes et les lignes terminées en des points. Ainsi, un pavé est entouré par ses six faces, chacune de celles-ci par 4 lignes ou arêtes, et enfin chaque arête a deux extrémités qui sont des points.

Remarque. — Lorsqu'on trace une ligne, c'est l'extrémité ou la pointe traçante qui la marque par son déplacement. On peut donc dire qu'une ligne est engendrée par le mouvement d'un point.

De même, si une ligne, à son tour, est promenée à travers l'espace, elle donne naissance, par ses positions successives, à une surface. Ainsi, que l'on coupe, avec un fil de fer, un bloc de terre glaise ou une motte de beurre. Le morceau une fois détaché, apparaîtra la surface découpée ou *engendrée* par le mouvement de la ligne que nous représente le fil de fer.

Enfin, une surface se déplaçant tout d'une pièce pour parcourir un certain espace, engendre un volume. Par exemple, si l'on enfonce une mince pièce de monnaie dans une substance molle, comme la glaise, ce disque y imprimera une cavité plus ou moins profonde. Cette cavité est le moule en creux du volume que nous appellerons plus tard un cylindre.

Ligne droite. — Lorsqu'on fixe un fil entre deux clous, chacun sait qu'il faut plus de fil si on le laisse lâche, que s'il est bien tendu ou en *ligne droite*. Aussi définit-on la ligne droite en disant qu'elle est le plus court chemin d'un point à un autre. Définition qui est passée en proverbe.

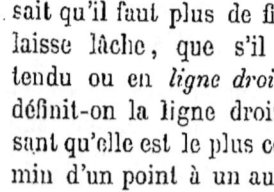
Fig. 3. — Fil en ligne droite.

On trace les lignes droites à la règle.

On peut aussi les tracer, sur le tableau noir, à l'aide d'un cordeau frotté de craie et tendu à ses deux extrémités. Si on le pince au milieu, le cordeau revient sur lui-même et cingle d'une ligne blanche le tableau.

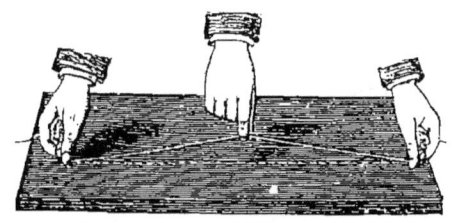

Fig. 4. — Ligne droite au cordeau.

Ligne brisée. — Une ligne brisée est une succession de lignes droites placées bout à bout dans des directions différentes. Il semble alors, en effet, qu'on ait brisé une ligne droite, sans cependant en disjoindre les tronçons. Telle, la lettre Z; d'où le mot *zigzag*, qui justement signifie ligne brisée.

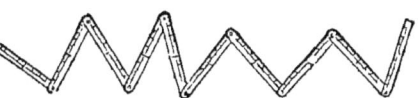

Fig. 5. — Ligne brisée (mètre pliant).

Plan. — Un plan est une surface sur laquelle on peut tracer des lignes droites dans tous les sens. Par exemple, le dessus d'une table, une planche bien dressée, c'est-à-dire sur laquelle, précisément, le bord d'une règle peut s'appliquer et glisser de toutes les façons, sans laisser de jour ni rencontrer d'aspérités.

La surface d'une eau tranquille est un *plan de niveau* ou plan *horizontal*. La ligne droite figurée par une mince baguette flottante est une ligne de niveau ou une horizontale.

Angle. — Un angle est l'écartement compris entre deux lignes droites qui se rencontrent, comme les bords des lames d'une paire de ciseaux ouverts.

Fig. 6. — Angles.

Angle d'équerre ou angle droit. — Faites flotter sur la surface tranquille d'un verre d'eau une paille légère et bien droite; laissez plonger un fil à plomb croisant le fétu; vous avez l'image d'une ligne tombant sur une autre sans pencher à droite ni à gauche, c'est-à-dire faisant le même angle avec les deux parties de cette autre. Chacun de ces angles est un angle *droit* ou d'*équerre*. Tout angle égal sera aussi un angle d'équerre, et l'on dira que ses côtés sont d'*aplomb* ou *perpendiculaires* l'un sur l'autre.

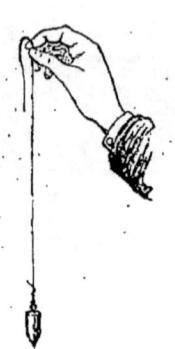

Fig. 7. — Fil à plomb.   Fig. 8. — Horizontale et verticale. Angles d'équerre ou droits.

De même, le fil à plomb est perpendiculaire au plan de niveau de l'eau. Si la paille tournait dans n'importe quelle direction, elle serait toujours à angle droit avec le fil.

Observation. — Ne confondons pas *verticale* avec *perpendiculaire*. Verticale répond à la direction du fil à plomb, tandis qu'une ligne droite de n'importe quelle direction peut être perpendiculaire à une autre.

Ainsi le niveau du maçon ne donne d'angle droit que lorsque le fil à plomb passe par le point marqué sur la pièce de bois transversale. Au contraire, les équerres employées pour le dessin, et qui sont des planchettes à trois côtés, offrent un angle droit dans quelque situation qu'on les dispose.

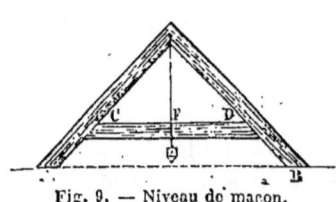 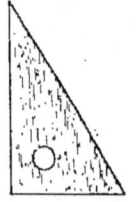

Fig. 9. — Niveau de maçon.   Fig. 10. — Équerres.

On remarquera que deux équerres sont identiques lorsque les deux côtés de l'angle droit de l'une égalent ceux de l'autre. On peut porter l'équerre rose sur la verte ; l'angle droit rose s'emboîte dans l'angle droit vert; les petits côtés ayant même longueur et les grands aussi, les deux équerres se recouvrent exactement.

Parallèles. — Deux lignes droites sont appelées parallèles lorsque, prolongées autant qu'on voudra, elles ne peuvent se rapprocher l'une de l'autre.

Il est clair, d'après cela, que leur distance reste partout la même.

Fig. 11. — Distance de deux parallèles.

Par cette distance, il faut entendre la ligne menée d'équerre (ou perpendiculaire) entre les deux parallèles.

Lignes courbes. — Toutes les lignes qui ne sont pas droites ni composées de lignes droites, se nomment des lignes courbes.

Le trait marqué par le crayon de la figure 1 est une ligne courbe.

Takymétrie. — La takymétrie nous apprend à mesurer les lignes, les surfaces et les volumes, par des règles simples et justes.

Tout ce qui précède n'est qu'un apprentissage de mots. C'est comme un petit dictionnaire où quelques expressions sont expliquées. Raisonnons maintenant. Il s'agit simplement, pour cela, d'user du vulgaire bon sens existant en chacun de nous.

Règle de comptage d'objets régulièrement disposés. — On va vous remettre, je suppose, une somme d'argent. Pour en vérifier le compte, on dispose les pièces de monnaie (de même nature, bien entendu,) en rangées parallèles composées d'un même nombre de pièces. Si l'on a aligné 4 rangées de 5 pièces, combien y a-t-il de pièces ? 4 fois 5 ou 20. Il faut multiplier le nombre des objets en rang par leur nombre en file, ou si l'on veut, *leur nombre en longueur par leur nombre en largeur.*

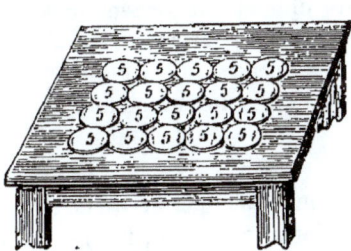

Fig. 12. — Objets à compter en longueur et largeur.

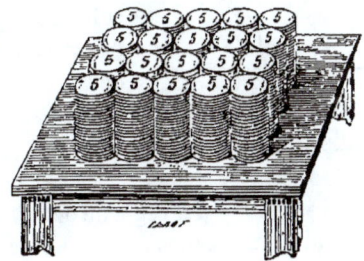

Fig. 13. — Objets à compter en longueur, largeur et hauteur.

Mais, j'imagine que la somme à vérifier soit considérable. Pour économiser l'espace, on empilera les pièces, puis l'on disposera des piles égales comme on disposerait des pièces. Si chaque pile contient 20 pièces, on voit d'emblée qu'au lieu de 4 fois 5 *pièces*, on a 4 fois 5 *piles* ou 4 fois 5 fois 20 pièces ou enfin 400 pièces.

Fig. 14. — Dénombrement d'un tas de pavés.

Autre exemple : des pavés étant entassés régulièrement, on en trouve, je suppose, 6 en longueur, 3 en largeur, 4 en hauteur. Sur le sol repose une tranche qui compte 3 files de 6 pavés, ou 3 fois 6 ; il existe 4 tranches pareilles, ou, en tout, $3 \times 6 \times 4$ pavés. C'est la même règle, et chacun de nous est capable de l'inventer.

Il faut faire le produit des trois nombres d'objets pris en rang, en file et en colonne ; ou si l'on veut, *en longueur, largeur et hauteur*.

Équivalence. — Le nombre des pavés d'un tas ne changera pas parce qu'on aura disloqué ou renversé le tas, ou bien parce qu'on aura pris des pavés à droite pour rendre le tas plus haut à gauche. De même, un volume ne change pas de grandeur si on le décompose en parties que l'on assemble dans un ordre différent.

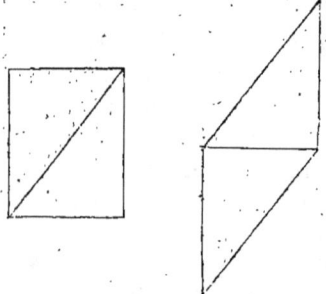

Fig. 15. — Figures équivalentes.

On peut en dire autant d'une surface. Voici une feuille de papier, je donne quelques coups de ciseaux en diagonale qui la divisent en deux parties. Je réunis les deux morceaux, l'un rose, l'autre vert, par leur petit côté. La figure obtenue ne ressemble pas à la précédente ; pourtant toutes deux sont *équivalentes*, c'est-à-dire qu'elles possèdent la même surface, et si je savais mesurer l'une, je connaîtrais la mesure de l'autre.

Conséquences. — La règle de dénombrement nous permettra de compter les unités contenues dans un objet de forme régulière ; l'équivalence nous donnera le moyen de ramener à des mesures connues les objets irréguliers, en les régularisant.

Ce sont les deux règles fondamentales de la takymétrie.

RÉSUMÉ

Le volume d'un corps est la place qu'il occupe.
Sa surface est la limite qui le sépare de l'espace environnant.
Une ligne est ce qui peut limiter une surface.
Un point limite une ligne.
La ligne droite est le plus court chemin d'un point à un autre.
La ligne brisée est composée de lignes droites.
Un plan est une surface sur laquelle on peut tracer des lignes droites dans tous les sens. La surface d'une eau tranquille est un plan horizontal.
Un angle est l'écartement compris entre deux droites
Un angle droit est un angle égal à celui d'un fil à plomb avec une ligne de niveau. Deux lignes à angle droit sont dites d'équerre, ou perpendiculaires.
Verticale signifie direction du fil à plomb.
On compte des objets réguliers disposés à plat, en multipliant le nombre en longueur par le nombre en largeur.
On compte des objets disposés en tas régulier, en multipliant le nombre en longueur par le nombre en largeur et par le nombre en hauteur.
Des figures équivalentes sont des figures qui ont la même mesure sans avoir la même forme. L'équivalence a toujours lieu entre deux figures composées des mêmes parties différemment assemblées.

DEUXIÈME LEÇON

SOMMAIRE. — Naissance du rectangle. Sa division en deux équerres égales. Mesure du rectangle et de l'équarri parfait. Parallélogramme et équarri droit. Équarri oblique.

Rectangle. — Imaginons deux fils à plomb coupés par deux lignes de niveau (1). La figure ainsi limitée est un *rectangle*, et ses quatre angles sont droits.

Les côtés opposés du rectangle sont égaux : les deux lignes de niveau, parce que les deux fils à plomb sont partout également distants; les deux portions de fil à plomb, parce que les lignes de niveau sont partout également distantes.

On remarque qu'une diagonale partage le rectangle en deux équerres identiques : elles ont les mêmes côtés.

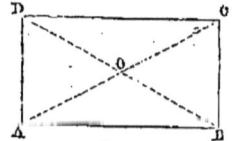

Fig. 17. — Diagonales de rectangle.

Fig. 18. — Centimètre carré.

Si les quatre côtés d'un rectangle sont égaux entre eux, c'est un *carré*.

Maintenant que nous connaissons la forme du rectangle, forme d'ailleurs si répandue autour de nous (portes, vitres, livres, cahiers), apprenons à le mesurer.

(1) En réalité, les deux verticales vont se couper à quelques milliers de kilomètres, au centre du globe. Mais les raisonnements étant indépendants de la forme de la terre, rien n'empêche de supposer un monde fictif plat.

DEUXIÈME LEÇON.

Voici un rectangle qui offre, par exemple, 4 mètres de long sur 3 mètres de haut. Je divise la longueur en 4 parties égales qui sont des mètres, la hauteur en trois parties qui sont aussi des mètres. Par les points de division de chaque dimension, je trace des parallèles à l'autre dimension. J'ai ainsi effectué un quadrillage, sorte de réseau dont toutes les mailles, alternativement colorées en vert et en rose, sont des mètres carrés. Il y a 3 rangées de 4 mètres carrés, ou $4 \times 3 = 12$ mètres carrés.

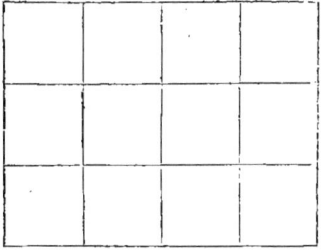
Fig. 19. — Quadrillage d'un rectangle.

C'est la règle de comptage des pavés d'une *tranche*.

Remarque. — Si le rectangle, au lieu de dimensions en nombres entiers, avait eu $3^m,25$ sur $4^m,30$, nous aurions opéré le quadrillage en centimètres, et l'on aurait trouvé $430 \times 325 = 139\,750$ centimètres carrés de surface. Mais le centimètre carré étant 10 000 fois plus petit que le mètre carré qui en contient 100 rangées de 100, il faudra diviser par 10 000 la surface trouvée. On obtient $13^{mq},9750$, et ce nombre est bien le produit de $4,30 \times 3,25$. La règle est générale. La surface d'un rectangle égale le produit de ses deux dimensions.

Équarri parfait. — Mettons un rectangle sur un plan de niveau ; et, 4 fils à plomb étant placés à ses quatre angles, coupons-les par un second plan de niveau. Nous obtenons de la sorte 6 rectangles deux à deux égaux. Le volume qu'ils limiteraient est un *équarri parfait* (1). C'est la forme d'une pierre de taille, d'une caisse, etc. En un mot, c'est le volume compris sous 6 faces rectangulaires.

Si les 6 faces sont des carrés, l'équarri est un *cube*.

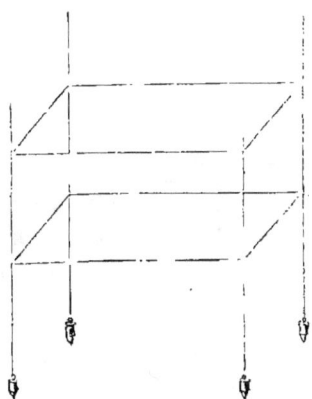
Fig. 20. — Équarri parfait.

Voulons-nous compter les unités de volume contenues dans un équarri parfait ? mesurons la longueur,

---

(1) On l'appelle aussi parallélipipède rectangle.

la largeur et la hauteur. Elles ont respectivement, je suppose, 5 mètres, 4 mètres et 3 mètres. Divisons la longueur en 5 parties,

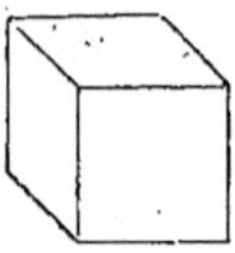

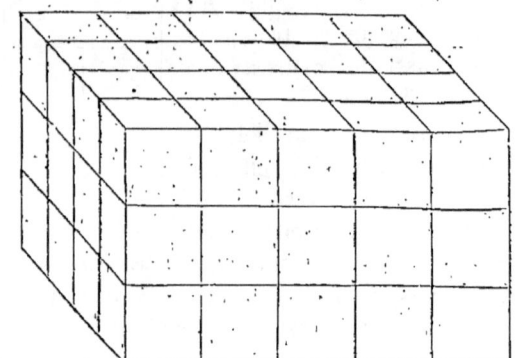

Fig. 21. — Centimètre cube.   Fig. 22. — Quadrillage d'un équarri.

la largeur en 4 et la hauteur en 3. Puis menons des plans de niveau par les points de division de la hauteur. Nous formons 5 tranches égales; chacune contient autant de mètres cubes qu'on en pourrait placer sur la base. Nous trouvons ainsi 5 fois 4 fois 3 ou $3 \times 4 \times 5 = 60$ mètres cubes.

Le résultat de ce quadrillage cubique nous est ainsi donné d'emblée par la règle de dénombrement du tas de pavés.

Parallélogramme. — Le parallélogramme est une figure de 4 côtés deux à deux parallèles. Exemple : les lames d'un parquet.

Fig. 23. — Parallélogramme.

Je prends un rectangle (*fig. 24*); j'en occupe une partie, à droite, en y emboîtant les deux équerres roses, dont l'ensemble forme un autre rectangle. Il me reste le rectangle vert.

Je fais maintenant glisser l'une des équerres, jusqu'à ce qu'elle vienne s'emboîter à l'autre bout du rectangle, à droite. Le long côté

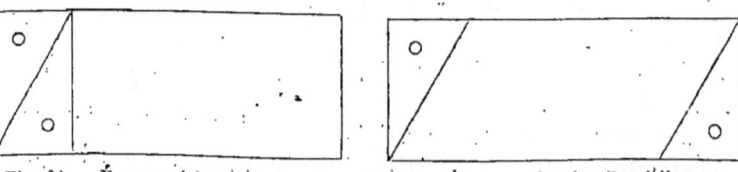

Fig. 24. — Équerres jointes. Rectangle.   Fig. 25. — Équerres séparées. Parallélogramme.

de l'équerre n'ayant pas changé de direction pendant le glissement, l'espace vert qui existe actuellement (*fig.* 25) est un parallélogramme, et l'on voit que ses côtés opposés sont égaux.

Mais il y a mieux. Ce jeu de tiroir nous donne le secret de la mesure du parallélogramme. En effet, la première figure se traduit ainsi :

Rectangle vert = Rectangle total moins 2 équerres

Regardons la seconde figure. Elle nous montre que :

Parallélogramme vert = Rectangle total moins 2 équerres.

Le parallélogramme vaut le rectangle. La mesure de celui-ci nous fera connaître la grandeur de celui-là. Et comme l'espace vert, dans les deux cas, a la même base et la même hauteur, nous pouvons conclure :

La surface du parallélogramme égale *le produit de sa base par sa hauteur.*

Il est bien entendu que la hauteur du parallélogramme est la distance prise d'équerre ou perpendiculaire entre ses deux bases parallèles.

Autre méthode. — Si l'on prend un rectangle et qu'on le coupe par un trait de ciseaux donné en biais, on peut assembler les deux morceaux en les intervertissant, c'est-à-dire en portant à droite celui qui se trouvait à gauche.

On a formé de la sorte un parallélogramme dont la base et la hauteur égalent respectivement la base et la hauteur du rectangle. Sa surface est aussi la même. Elle sera donc fournie par le même produit.

Fig. 26. — Équivalence par transposition.

Cette démonstration, pour être mise en œuvre, n'exige que le matériel le plus simple : une feuille de papier. (Voir les *Premières notions* de takymétrie.)

Équarri droit. — C'est le volume compris entre deux bases parallélogrammes, et quatre faces rectangulaires.

Dans un moule de cette forme, il est impossible d'emboîter l'unité de volume cubique. Mais ce moule se prête facilement à l'artifice du jeu de tiroir.

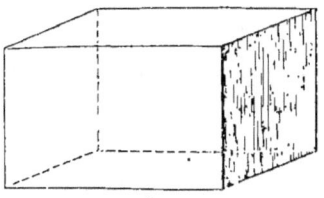

Fig. 27. Équarri droit.

Voici une caisse verte (*fig.* 28) parfaitement équarrie. Je la remplis en partie en plaçant une pile d'équerres roses dans l'angle de gauche, une seconde pile d'équerres dans le coin opposé, à droite.

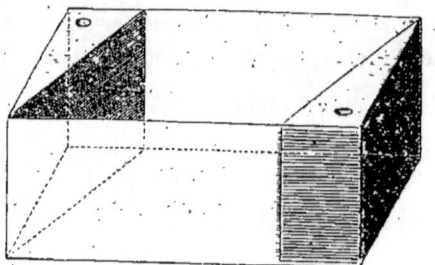

Fig. 28. — Piles d'équerres séparées.

La partie restée vide est le moule d'un équarri droit à base parallélogramme; et l'on voit que :

Vol. Equarri *droit* = Vol. Caisse moins 2 piles d'équerres.

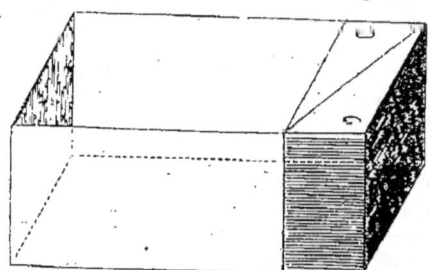

Fig. 29. — Piles réunies.

Chassons maintenant à droite la pile de gauche (*fig.* 29). Le vide, alors, devient un équarri parfait, et l'on voit encore que :

Vol. équarri *parfait* = Vol. Caisse moins 2 piles d'équerres.

Donc, équivalence entre le vide vert à base parallélogramme et le vide vert à base rectangle. Sachant mesurer celui-ci, je sais mesurer celui-là. D'ailleurs, la base parallélogramme verte, vaut la base rectangle de la même couleur. La hauteur est celle de la caisse. En conséquence, le volume de l'équarri droit égale aussi *la surface de la base multipliée par sa hauteur.*

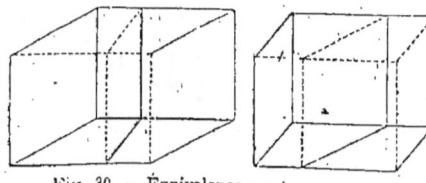

Fig. 30. — Équivalence par transposition.

Autre méthode. — Si l'on prend un équarri parfait; une petite pièce de bois convenablement taillée, par exemple, on peut donner un trait de scie dans le sens de

DEUXIÈME LEÇON.

la hauteur et en biais. La pièce est divisée de cette manière en deux morceaux. En les intervertissant, on formera un équarri droit à base parallélogramme.

L'équarri parfait et l'équarri droit qui en provient ont même hauteur et même surface de base. Ils ont aussi même volume. Le volume de l'équarri droit sera donc fourni par le même produit (base × hauteur) que le volume de l'équarri parfait. (Voir les *Premières notions*.)

Équarri penché ou oblique. — C'est le volume limité entre 6 parallélogrammes. Sa *hauteur* est la distance prise d'équerre entre les deux bases.

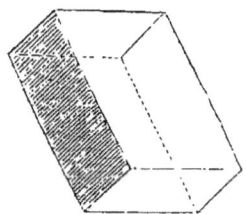  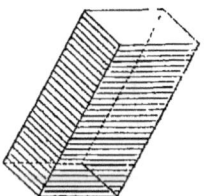

Fig. 31. — Équarri penché.   Fig. 32. — Équarris équivalents.

Je mets sur la même table, côte à côte, deux jeux de cartes, ou mieux, deux piles de cahiers les uns verts, les autres roses, mais de même grandeur. Je laisse glisser la main, en appuyant légèrement, sur le flanc de l'une d'elles. La pile, naturellement, vient à pencher.

Elle a changé d'aspect, mais un coup d'œil me montre que trois choses sont demeurées les mêmes dans les deux piles :

1° Le volume, égal au volume total des cahiers ou des cartes.
2° La hauteur, égale à l'épaisseur totale des cahiers ou des cartes.
3° Les deux bases parallèles.

Donc, équivalence entre l'équarri droit et l'équarri oblique, du moment qu'ils auront même hauteur et même base. La mesure de celui-là donnera la mesure de celui-ci : *la surface de la base multipliée par la hauteur*.

Conséquence. — Deux équarris, à quelque espèce qu'ils appartiennent, ne peuvent avoir même hauteur et même surface de base, sans avoir même volume.

RÉSUMÉ

Un rectangle est une figure de 4 côtés ou un *quadrilatère* dont les angles sont droits. Les côtés opposés sont égaux. Une diagonale le partage en

2 équerres identiques. Il naît de 2 fils à plomb coupés par deux lignes de niveau. La surface d'un rectangle s'obtient en multipliant sa base par sa hauteur.

Le carré est un rectangle dont les 4 côtés sont égaux.

L'équarri parfait est le volume compris sous 6 faces rectangulaires. Il naît de 4 fils à plomb coupés par 2 plans de niveau. Ses faces opposées sont égales. Son volume s'obtient en multipliant la surface de sa base par sa hauteur.

Le cube est un équarri parfait dont les 6 faces sont des carrés.

Le parallélogramme est une figure de 4 côtés ou un quadrilatère dont les côtés opposés sont parallèles. Sa surface égale le produit de sa base par sa hauteur.

L'équarri droit est le volume compris entre 2 bases parallélogrammes et 4 faces rectangulaires.

L'équarri penché est le volume compris sous 6 parallélogrammes. Il équivaut à l'équarri droit de même base et de même hauteur.

Le volume d'un équarri quelconque s'obtient en multipliant la surface de sa base par sa hauteur.

TROISIÈME LEÇON

Sommaire. — Le triangle. — Somme des angles du triangle. — Précieuse propriété de l'équerre. — Mesure du triangle. — Polygones et prismes.

Triangle. — Un triangle est une figure fermée par trois côtés. Sa hauteur est la ligne droite abaissée du sommet, d'équerre ou *perpendiculairement* sur la base.

Cette hauteur le partage en deux équerres, en général différentes l'une de l'autre.

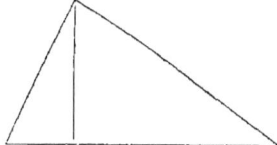 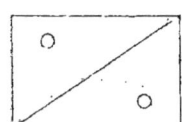

Fig. 33. — Triangle. Sa hauteur.   Fig. 34. — Somme des angles de l'équerre.

Propriété remarquable du triangle. — Dans tout triangle, la somme des trois angles vaut deux angles droits.

Prenons d'abord un triangle connu et simple, l'équerre. Voici une équerre rose et une équerre verte identiques. Rapprochées, elles forment un rectangle qui a pour angles justement la somme de leurs angles. Alors (*fig. 34*)

Angles de 2 équerres valent 4 angles droits.

Donc :

Angles d'une équerre valent 2 angles droits.

On voit de plus que, comme un angle droit existe déjà dans l'équerre, les deux angles aigus valent ensemble un angle droit.

Maintenant nous pouvons considérer un triangle quelconque. Sa hauteur le partage en 2 équerres. L'angle de droite appartient à l'équerre rose; l'angle de gauche à l'équerre verte; l'angle du haut est formé partie par l'une, partie par l'autre.

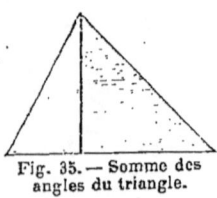

Fig. 35. — Somme des angles du triangle.

Les angles du triangle valent à eux trois autant que les angles *aigus* des 2 équerres, à eux quatre, c'est-à-dire 2 angles droits.

Mesure du triangle. — Procédons par la même voie, allant du simple au composé.

D'abord, envisageons l'équerre. Répétons qu'elle est la moitié d'un rectangle. Les deux côtés de l'angle droit de l'équerre, qu'on peut appeler sa *base* et sa *hauteur*, sont, l'un la base, l'autre la hauteur du rectangle.

Donc, l'équerre a pour surface la moitié du produit de sa base par sa hauteur.

Passons au triangle de forme quelconque. Sa hauteur le partage en deux équerres (*fig.* 35). Ajoutons leurs surfaces :

$$\text{Surf. éq. rose} = \text{base rose} \times 1/2 \text{ hauteur.}$$

$$\text{Surf. éq. verte} = \text{base verte} \times 1/2 \text{ hauteur.}$$

Surf. rose + surf. verte = (base rose + base verte) × 1/2 hauteur.

Ce qui donne la base entière du triangle multipliée par sa demi-hauteur, ou la moitié du produit de sa base par sa hauteur.

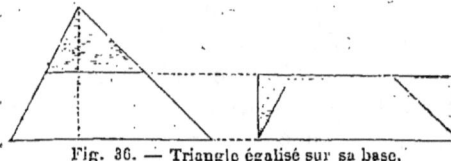

Fig. 36. — Triangle égalisé sur sa base.

Ainsi, pour transformer un triangle en un rectangle, il suffit, en quelque sorte, de l'aplatir à demi-hauteur sur sa base. C'est ce qu'on peut aisément réaliser. Une feuille de papier étant découpée en triangle; détachons, à mi-hauteur, le petit triangle rose; coupons-le en 2 équerres. En plaçant l'une à droite et l'autre à gauche, on forme un rectangle. Ce rectangle conserve la base du triangle et sa hauteur devient moitié.

Précieuse propriété de l'équerre. — Dans toute équerre ou triangle rectangle, le carré fait sur le grand côté équivaut à la somme des carrés faits sur les deux autres (1).

La figure nous montre deux carrés roses égaux. Dans celui de gauche, le rose a disparu en partie, masqué par 4 équerres vertes identiques que l'on a emboîtées aux 4 angles. Le vide rose a ses 4 côtés égaux, car ce sont les longs côtés des équerres. D'ailleurs, là où deux équerres se font suite, il y a 2 angles verts valant 1 angle droit, de sorte qu'il reste un angle rose droit. Donc, que représente le vide rose ? un carré ; le carré fait sur le long côté de l'équerre.

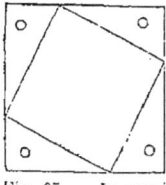
Fig. 37. — Le carré du grand côté.

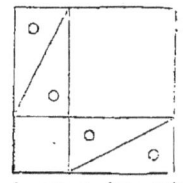
La somme des carrés des deux autres.

Passons à la figure de droite. Là, les équerres ont été mises par couples dans deux angles opposés. L'espace rose non recouvert se compose de deux carrés ; celui du petit côté et celui du moyen côté de l'équerre.

Le vide, de part et d'autre, vaut le grand carré moins les 4 équerres. Donc

         Vide rose de gauche = vide rose de droite

c'est-à-dire :

         Carré du long côté = carré du moyen + carré du petit.

Cette vérité est l'une des plus utiles que l'on puisse apprendre dans les ateliers.

Applications. — La diagonale d'un carré égale le côté multiplié par la racine carrée de 2 (ou par 1,414).

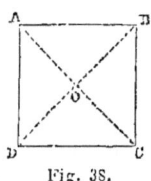
Fig. 38.

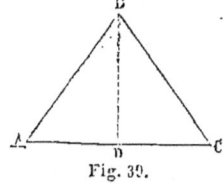
Fig. 39.

En effet, la diagonale d'un carré le divise en 2 équerres dont les angles aigus sont de 45°. L'une d'elles donne :

---

(1) Pythagore, philosophe grec, qui dans un éclair de génie, découvrit cette vérité, la trouva si belle, qu'il courut, dit-on, remercier les dieux par un sacrifice de cent bœufs faits de farine et de miel.

TAKYMÉTRIE.

Carré de AC = carré de AD + carré de DC = (carré de AD) × 2
Alors AC = ... AD × $\sqrt{2}$.

Cette règle est souvent utile, ainsi que la suivante.

Si un triangle a ses trois côtés égaux (on l'appelle, dans ce cas, triangle équilatéral), sa hauteur égale l'un des côtés multiplié par la moitié de la racine carrée de 3, ou 0,866.

En effet, la hauteur partage le triangle en deux équerres (fig. 39). L'équerre rose donne :

$$\text{Carré de BD} = \text{carré de AB} - \text{carré de AD}$$

Comme $AD = \dfrac{AB}{2}$, on a $\overline{AD}^2 = \dfrac{\overline{AB}^2}{4}$

Donc :

$$\overline{BD}^2 = \overline{AB}^2 - \dfrac{\overline{AB}^2}{4} = \dfrac{\overline{AB}^2 \times 4 - \overline{AB}^2}{4} = \dfrac{\overline{AB}^2 \times 3}{4}$$

Donc enfin $BD = \dfrac{AB \times \sqrt{3}}{2} = AB \times 0{,}866$.

Polygone. — Un polygone (1) est une portion de plan limitée par des lignes droites.

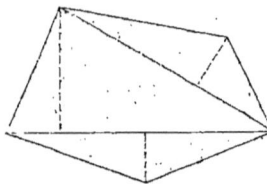

Fig. 40. — Polygone décomposé en triangles.

On peut toujours partager un polygone en triangles par des diagonales (2).

Nous savons calculer la surface de chaque triangle à l'aide de sa base et de sa hauteur. En additionnant ces surfaces partielles, on obtiendra celle du polygone.

Prisme. — Le prisme est le volume compris entre deux bases parallèles et des faces parallélogrammes.

Comme l'équarri, le prisme peut être droit ou oblique.

Il est droit si les arêtes tombent d'aplomb sur les bases. Les faces sont alors des rectangles.

Équivalence des prismes. — Supposez deux jeux de cartes ou deux tas de planchettes découpées en polygones identiques. L'on fait pencher l'un des tas. L'autre est laissé droit. Ne peut-on pas répéter mot pour mot ce qui a été dit à propos des deux équarris de la

---

(1) De *polus*, plusieurs, et *gonia*, angles.
(2) De *dia*, en travers, et *gonia* angles.

figure 32? N'aperçoit-on pas, ici encore, les deux tas conserver le même volume, avec la même hauteur et la même base?

Concluons donc qu'il y a équivalence entre deux prismes de même base et de même hauteur.

Autre genre d'équivalence. — Voici maintenant des règles carrées en bois, chez le papetier. Qu'elles soient en paquet épais ou en paquet plat; du moment que les règles sont pareilles et en même nombre, les paquets représentent une égale quantité de bois.

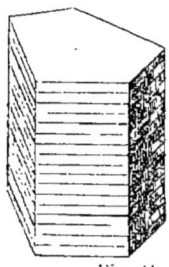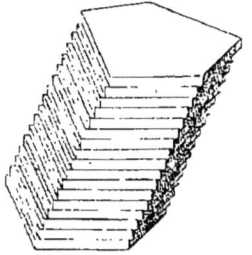

Fig. 41. — Prismes équivalents.

Je place deux paquets sur une table, les règles debout. L'un porte 3 règles sur 4; l'autre 2 sur 6. Tous deux affectent la forme de prismes droits. Leurs bases sont, non

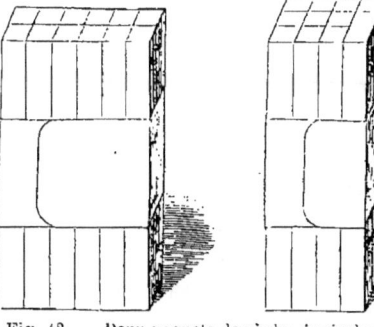

Fig. 42. — Deux paquets de règles équivalents.

plus égales (on ne saurait les superposer), mais simplement équivalentes. Cela suffit, les hauteurs étant égales, à produire l'équivalence des volumes.

Mieux encore, imaginons un prisme droit composé d'une multitude de règles, plus fines que des aiguilles à tricoter. Ce faisceau d'aiguilles peut évidemment s'ajuster dans des moules de formes bien différentes; pourvu que la hauteur de ces moules soit celle des aiguilles, et que la surface du fond contienne exactement les bases de toutes les aiguilles. En d'au-

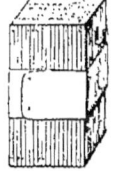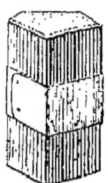

Fig. 43. — Deux paquets d'aiguilles équivalents.

tres termes, tous ces moules auront des bases équivalentes, hauteurs égales et, par là, même volume.

Volume d'un prisme. — Qu'on nous propose alors d'évaluer le volume d'un prisme quelconque. S'il est oblique, en le considérant comme un entassement de tranches, nous le ramenons au prisme droit de même base et de même hauteur. Puis, considérant celui-ci comme une réunion d'aiguilles, nous trouvons qu'il équivaut à l'équarri de même hauteur et de base équivalente.

Or, nous savons mesurer l'équarri. La règle est donc unique : multiplier la surface de la base par la hauteur.

Surface. — La surface d'un prisme se compose de toutes ses faces et de ses deux bases.

L'ensemble des faces constitue la surface *latérale* du prisme.

RÉSUMÉ

Un triangle est une portion de plan limitée par trois lignes droites.

Les deux angles aigus d'une équerre valent ensemble un angle droit.

La somme des trois angles d'un triangle vaut deux angles droits.

On obtient la surface d'un triangle en multipliant sa base par la moitié de sa hauteur.

Un polygone est une portion de plan limitée par des lignes droites. Un polygone peut être décomposé en triangles par des diagonales.

Un prisme est le volume renfermé entre deux bases égales et parallèles, réunies par des faces parallélogrammes.

Si le prisme est droit, les faces sont des rectangles.

Un prisme oblique équivaut au prisme droit de même base et de même hauteur. Celui-ci, à son tour, équivaut à l'équarri de base équivalente et de même hauteur.

On obtient le volume d'un prisme en multipliant la surface de sa base par sa hauteur.

La surface latérale d'un prisme est la somme de ses faces. En ajoutant les bases, on obtient la surface totale.

QUATRIÈME LEÇON

SOMMAIRE. — La circonférence et le cercle. — Mesure des arcs et mesure des angles. — Polygones réguliers. — Tour du cercle. — Volume et surface latérale du cylindre.

Circonférence. Cercle. — Toute ligne qui n'est pas droite, avons-nous dit, est une ligne courbe.

Parmi les lignes courbes, il en est une remarquable par sa parfaite régularité. C'est celle qui forme le contour d'une roue, d'une pièce de monnaie, d'un cadran d'horloge, etc. On l'appelle *circonférence*.

Fig. 44. — Compas.

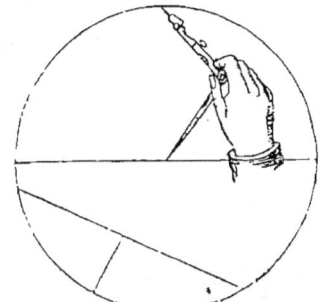
Fig. 45. — Circonférence tracée au compas. Diamètre, arc, corde et flèche.

On la décrit à l'aide d'un compas dont on fait tourner l'une des pointes, armée d'un crayon, autour de l'autre pointe maintenue au *centre*. On voit que tous les points de la circonférence sont à égale distance du centre. Cette distance se nomme le *rayon*. Deux rayons en ligne droite font un *diamètre* (1).

---

(1) De *dia*, à travers, et *mètre*, mesure. Comme si l'on disait : mesure en travers, ou largeur du cercle.

Le *cercle* est la surface bornée par la circonférence.

Pour tracer une circonférence à main levée, on place l'ongle du doigt indicateur au centre de la circonférence en tenant ce doigt bien vertical, le crayon est maintenu immobile entre ce doigt et le pouce. On fait ensuite tourner la feuille de papier autour du centre et la pointe du crayon trace la circonférence.

Fig. 46. — Circonférence tracée à la main.

Une portion quelconque de la circonférence reçoit le nom d'*arc*. La ligne droite joignant les extrémités d'un arc s'appelle la *corde;* comme s'il s'agissait d'un arc à lancer des flèches. Le mot *flèche*, lui-même, désigne la distance entre le milieu de l'arc et le milieu de sa corde.

Mesure des arcs. — On peut chercher à évaluer la grandeur d'un arc de deux manières :

1° Par sa longueur en mètres, centimètres et millimètres;

2° Par comparaison avec la circonférence dont il offre une partie plus ou moins considérable.

Pour faciliter cette comparaison, on suppose la circonférence divisée en 360 parties égales, appelées *degrés*. Chaque degré se subdivise en 60 *minutes* et chaque minute en 60 secondes; de sorte que la circonférence contient 360 degrés, 21 600 minutes et 1 296 000 secondes.

Dès lors, quand on nous parlera d'un arc de 30 degrés (qu'on écrit 30°), par exemple, nous saurons qu'il vaut $\frac{30}{360}$ ou $\frac{1}{12}$ de circonférence. Un arc de 30 degrés 20 minutes 40 secondes (on écrit 20° 20′ 40″) vaudrait $30 \times 60 \times 60$ plus 20×60 plus 40 ou en tout 109 240″, c'est-à-dire les $\frac{109\,240}{1\,296\,000}$ de la circonférence.

Mesure des angles. — Pour mesurer un angle on prend son sommet comme centre et l'on décrit entre ses côtés un arc. Le nombre de degrés et minutes de cet arc répond au plus ou moins d'écartement des côtés de l'angle.

Cela se conçoit. Si une horloge et une montre marquent la même heure; les aiguilles occupent une situation pareille sur les deux cadrans. Sur le grand comme sur le petit, à mesure que le temps s'écoule et que l'angle des aiguilles devient deux fois, trois fois plus grand, la portion du cadran qui sépare leurs pointes devient aussi deux fois, trois fois plus grande. De sorte que, d'une part, il est très naturel d'adopter la grandeur de l'arc comme mesure de la grandeur de l'angle; et, d'autre part, il est indifférent que l'arc soit décrit avec telle ou telle ouverture de compas.

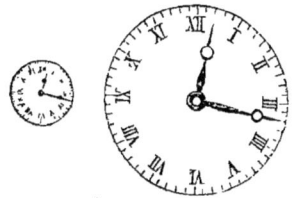

Fig. 47. — Deux cadrans à la même heure. Les arcs mesurent les angles.

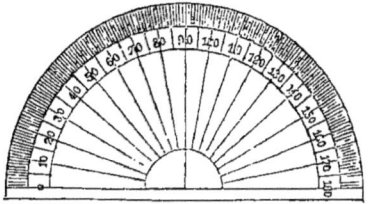

Fig. 48. — Rapporteur.

Dans la pratique, on mesure les angles, sur le papier, justement avec une sorte de 1/2 cadran divisé en degrés et qu'on appelle *rapporteur*.

Un angle droit a 90 degrés.

Polygones réguliers. — Divisons une circonférence en parties égales. En joignant les points de division successifs, nous obtenons un polygone dont tous les côtés sont égaux ainsi que les angles. C'est un polygone régulier.

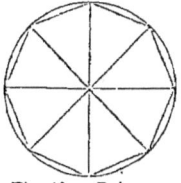

Fig. 49. — Polygone régulier.

On voit qu'un polygone de ce genre se compose de triangles identiques régulièrement disposés autour du centre.

Grâce à cette régularité, la mesure se simplifie, puisqu'il suffit de multiplier la surface de l'un des triangles par le nombre des triangles.

On peut s'y prendre d'autre façon.

Si je disjoins, en effet, les 8 triangles du polygone ci-contre, et que je les place à la file les uns des autres sur une ligne droite, je forme une figure à dents de scie qui occupe une longueur égale au pourtour du polygone. Elle

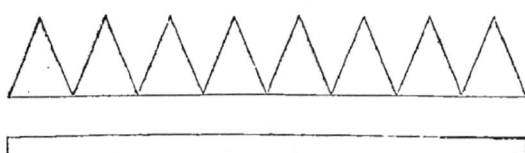

Fig. 50. — Transformation en un ruban.

semble à première vue plus compliquée. Mais je sais *égaliser* toutes ces dents de scie en les aplatissant à mi-hauteur sur leur base; et alors la figure à dents roses est convertie en un ruban vert équivalent.

Surface du ruban = longueur × hauteur
Donc : Surf. du polyg. = pourtour × 1/2 hauteur d'un triangle.

Le pourtour d'un polygone est son *périmètre*. La hauteur, égale pour tous, des triangles rayonnants, se nomme son *apothème*. On dira donc : la surface d'un polygone régulier s'obtient en multipliant le périmètre par la moitié de l'apothème.

Tour du cercle. — Le tour du cercle, ou la circonférence, vaut à très peu près 6 rayons, plus le vingtième de 6 rayons : Ou, ce qui est dire la même chose, 3 diamètres plus $\frac{1}{20}$ de 3 diamètres.

Ce nombre est approximatif; mais comme il n'entraîne qu'une erreur moindre que 3 pour mille, il est d'une exactitude suffisante pour la pratique des arts et métiers.

Comment a-t-on pu le calculer ? Par une série de travaux d'approche qui ressemblent singulièrement à ceux auxquels on se livre pour se rendre maître d'une place assiégée.

Imaginons que l'on divise une circonférence en 6 parties égales, puis en 12, puis en 24, puis en 48, puis en 96, etc., en doublant toujours. A mesure que le nombre des côtés, dans les polygones obtenus, devient plus considérable, les angles s'effacent, le contour s'arrondit, et les polygones serrent de plus en plus près la circonférence. Si bien qu'à un moment donné, on pourra les prendre l'un pour l'autre sans commettre d'autre erreur que celles dont il est impossible de s'affranchir dans les mesures prises avec le plus de soin.

Il ne s'agira que d'évaluer le contour de ce polygone pratiquement circulaire.

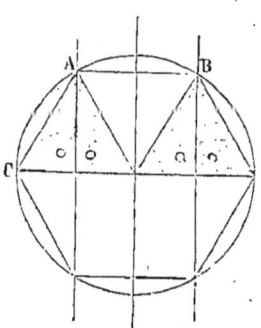

Fig. 51. — Polygone à 6 pans égaux.

1° Polygone à 6 pans. — On l'appelle aussi *hexagone* régulier. *Son côté est égal au rayon.*

Voici un cercle traversé par trois fils à plomb passant par le centre et par les milieux de deux rayons formant un diamètre de niveau.

Le demi-cercle de gauche étant identique au demi-cercle de droite, les 2 fils à plomb ont même hauteur et la ligne AB est de niveau. Cette ligne, par suite, vaut deux demi-rayons ou 1 rayon.

Le côté AC égale aussi le rayon, car, à droite et à gauche du fil à plomb voisin, il y a place pour deux équerres identiques. (Elles ont les mêmes côtés d'angle droit.)

Pour la même raison, le côté BD égale encore le rayon. D'ailleurs, au-dessous du diamètre de niveau, la figure se répète. Ainsi, les 6 rayons répondent bien à la division de la circonférence en 6 parties égales.

2° Polygones réguliers d'approche. — On peut maintenant calculer le périmètre du polygone à 12 pans, à 24 pans, à 48 pans, etc.

Ceci est une application de la précieuse propriété de l'équerre : le carré du long côté égale la somme des carrés des deux autres.

En effet, si je divise en deux parties égales l'un des sixièmes de la circonférence, AB est l'un des côtés du po-

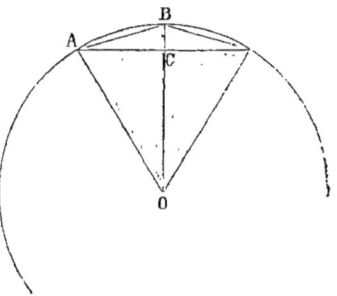

Fig. 52. — Polygones d'approche.

lygone régulier à 12 pans. L'équerre verte AOC me donne :

Carré de OC = carré de OA moins carré de AC.

Comme OA est le rayon et AC la moitié du rayon, je puis calculer OC.

Alors, dans l'équerre blanche, je connais BC (différence entre le rayon et OC). Je connaissais déjà AC.

En additionnant les carrés de AC et de BC, j'obtiendrai le carré de AB et par suite AB ou le côté du polygone à 12 pans.

Connaissant le côté du polygone à 12 pans, je parviendrai, à l'aide d'une pareille succession de calculs, à évaluer le côté du polygone à 24 pans, puis à 48 pans, etc.

En suivant cette marche, on trouve :

$$
\begin{aligned}
\text{Périmètre à } 6 \text{ pans} &= 6 \text{ rayons} = R \times 6 \\
\text{—} \quad 12 \text{ pans} &= \text{—} \quad = R \times 6{,}212 \\
\text{—} \quad 24 \text{ pans} &= \text{—} \quad = R \times 6{,}265 \\
\text{—} \quad 48 \text{ pans} &= \text{—} \quad = R \times 6{,}279 \\
\text{—} \quad 96 \text{ pans} &= \text{—} \quad = R \times 6{,}282 \\
\text{Encore 2 fois doublé ou } 384 \text{ pans} &= \text{—} \quad = R \times 6{,}283
\end{aligned}
$$

C'est le tour du cercle ou à très peu près.

En prenant $R \times 6$, plus 1/20 du résultat, l'erreur est inférieure à 3 pour mille (1). Si l'on veut une grande précision, on prend R multiplié par 6,2832; ou, ce qui revient au même, le diamètre multiplié par 3,1416.

Ce nombre, qui exprime combien de fois la longueur de la circonférence contient celle du diamètre, on a conservé l'habitude de le désigner par la lettre grecque π, qu'on prononce *Pi*. Il ne peut être calculé exactement (2).

Surface du cercle. — Nous n'avons qu'à reprendre le procédé qui nous a servi à trouver la surface d'un polygone régulier.

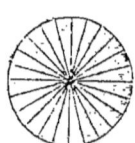 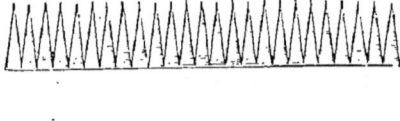

Fig. 53. — Cercle décomposé.   Fig. 54. — Transformation en un ruban.

Au lieu des 8 triangles de la figure 49, nous en aurons un très grand nombre qui, placés côte à côte, formeront une scie à dents très aiguës. Le tour du cercle a fourni la longueur de la scie.

Il ne restera plus qu'à aplatir toutes les dents à la moitié de leur hauteur, pour les *égaliser* en un ruban équivalent au cercle.

$$\text{Surface ruban} = \text{longueur} \times \text{hauteur}$$
$$\text{Surface cercle} = \text{circonférence} \times 1/2 \text{ rayon}.$$

On peut remarquer que, comme la circonférence $= 2 R \times \pi$.

$$\text{Surface cercle} = 2 R \times \pi \times \frac{R}{2} = \frac{2 R \times R}{2} \times \pi = \pi R^2$$

En adoptant pour π la valeur $3 + 3/20$ si commode pour les calculs usuels, l'on dira :

La surface du cercle vaut à très peu près 3 fois *le carré du rayon plus le vingtième du résultat*.

Il est utile de savoir calculer la surface d'un cercle le plus rapide-

---

(1) Cette addition du vingtième a été appelée très heureusement, par M. Lagout, le *sou par franc*.

(2) En prenant le diamètre multiplié par $\frac{22}{7}$ ou $3 + \frac{1}{7}$, on a un peu plus d'exactitude qu'en multipliant par $3 + \frac{3}{20}$. Ce dernier nombre substitue $\frac{3}{20}$ à $\frac{1}{7}$ ou $\frac{3}{21}$. La différence n'a aucune importance dans la plupart des applications.

DENSITÉ DES PRINCIPAUX CORPS

Eau distillée.	1,000	Platine laminé.	22,500
Eau de mer.	1,026	Or.	19,300
Vin de Bordeaux.	0,992	Argent.	10,470
Alcool pur.	0,795	Cuivre fondu.	8,850
Huile d'olives.	0,915	Cuivre forgé.	10,950
Lait.	1,030	Fer en barres.	7,800
Mercure.	13,596	Acier.	7,820
		Etain.	7,290
Glace à 0°.	0,918	Zinc.	7,190
Corps humain (dens. moy.).	1,070	Plomb.	11,350
Liège.	0,240	Laiton.	8,430
Beurre.	0,940	Aluminium.	2,600
Chêne de démolition.	0,730	Marbre.	2,700
Cœur de chêne (60 ans).	1,170	Ardoise.	2,880
Peuplier.	0,390	Sel marin sec.	2,260
Peuplier blanc.	0,510	Houille.	1,300
Sapin blanc.	0,540	Verre à vitres.	2,530
Sapin jaune.	0,660	Chaux vive.	2,300

Poids d'un litre d'air. . . . . $1^{gr},293$
Poids d'un litre d'oxygène. . . . . $1^{gr},429$
Poids d'un litre d'acide carbonique. . $1^{gr},977$

mètre cube de liège pèse donc $0^{Kgr},24$; le centimètre cube de liège, $0^{gr},240$, etc.

Pour obtenir le poids d'un corps en kilogrammes, il suffit donc de multiplier son volume en décimètres cubes par sa densité.

Inversement, pour obtenir le volume d'un corps en décimètres cubes, il suffit de diviser son poids en kilogrammes par sa densité.

RÉSUMÉ

Deux figures ou deux objets sont *semblables* lorsque leurs angles sont respectivement égaux et que les dimensions de l'un sont les dimensions de l'autre, rendues un même nombre de fois plus grandes ou plus petites.

Les surfaces de deux figures semblables sont entre elles comme les *carrés* de leurs dimensions semblables.

Leurs volumes sont entre eux comme les *cubes* de leurs dimensions semblables.

On cube un massif de maçonnerie en le décomposant en parties dont le volume puisse être évalué à l'aide des règles connues.

On cube un arbre en grume en multipliant par la longueur de l'arbre sa section moyenne, égale à 8 fois le carré fait sur le dixième du tour.

On jauge un tonneau à l'aide de l'une des trois formules :

$$V = \frac{\pi L}{4}\left(\frac{d^2 + 2D^2}{3}\right) \quad \text{ou} \quad V = \frac{\pi L}{4}\left(\frac{5D + 3d}{8}\right)^2 \quad \text{ou} \quad V = \frac{\pi L}{4}\left(\frac{2D + d}{3}\right)^2.$$

La densité d'une substance exprime combien de fois cette substance est plus lourde ou moins lourde que l'eau pure.

On obtient le poids d'un corps en kilogrammes en multipliant son volume en décimètres cubes, par sa densité.

On obtient le volume d'un corps, en décimètres cubes, en divisant son poids, en kilogrammes, par sa densité.

L'application pure et simple de la formule des trois niveaux donne V = 224¹,3. Résultat un peu trop fort, d'après la généralité des expériences faites.

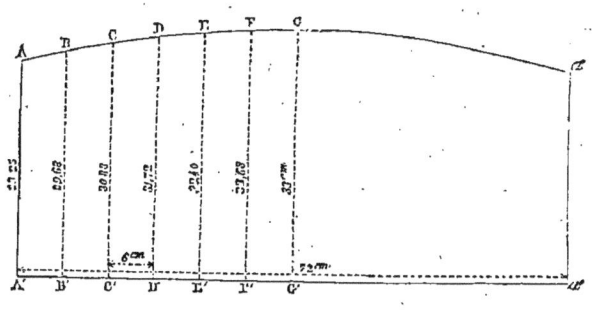

Fig. 85.

La formule de Dez donne V = 220¹,5, résultat trop petit d'au moins deux litres.

La formule de l'an VII donne V = 223¹,5.

Enfin, si l'on tient compte, en même temps que des rayons du fond et du bouge, du rayon intermédiaire à demi-distance DD' = 0ᵐ,317, et que l'on applique à chaque moitié du fût la formule des trois niveaux, on obtient V = 223 litres. Résultat qui, d'après les observations précédentes, est vraisemblablement le plus exact.

Pour vérifier l'exactitude d'une formule à quelques décilitres près, on ne saurait se fier au dépotage de la futaille : les brocs dont on se sert pour vider la pièce, en effet, ne peuvent être mathématiquement remplis. Le dépotage aboutira nécessairement à un résultat un peu au-dessous de la réalité.

Mesure des volumes par les poids. — On peut se servir, pour déterminer le volume des corps informes, mais maniables (un caillou, un morceau de fer, une bouteille, etc.), du poids de ces corps. Il suffit pour cela d'en connaître la *densité*.

On appelle *densité* d'une substance, le nombre exprimant combien de fois cette substance est plus lourde ou moins lourde que l'eau, à volume égal.

Ainsi, dire que le fer a pour densité 7,8, c'est dire qu'un décimètre cube de fer pèse 7^{Kgr},8, qu'un centimètre cube de fer pèse 7^{gr},8, etc.

Dire que le liège a pour densité 0,24, c'est dire que le liège pèse les 24 centièmes de ce que pèserait un égal volume d'eau. Le déci-

SEPTIÈME LEÇON.

La règle des trois niveaux procure des résultats aussi précis que le comporte la question, si l'on évalue à part la capacité de chacune des moitiés du tonneau. Alors b représentera la surface du fond, B celle de la section du bouge, C la coupe faite à égale distance de la bonde et du fond.

Pour obtenir le diamètre de cette coupe, le plus simple sera de mesurer, à l'endroit désigné, le *tour* de la pièce. Appelons e l'épaisseur des douves :

$$\text{Tour} = (\text{diam. intér.} + 2e) \times \pi = \text{diam. intér.} \times \pi + 2e \times \pi$$
$$= \text{circonf. intér.} + e \times 6{,}28.$$

Donc, on obtiendra le tour intérieur en diminuant le tour extérieur, de $e + 6{,}28$, ou plus simplement :

Le tour intérieur égale le tour extérieur diminué de 6 fois 1/4 l'épaisseur des douves.

2° On peut employer aussi la formule de Dez (1).

Elle consiste à assimiler le tonneau à un cylindre ayant pour diamètre la moyenne de 5 grands et de 3 petits diamètres.

$$\text{Vol. tonneau} = \frac{\pi l}{4} \left(\frac{5D + 3d}{8} \right)^2$$

3° La formule prescrite en France par la circulaire ministérielle de l'an VII, assimile le tonneau à un cylindre ayant pour diamètre la moyenne de 2 grands et de 1 petit diamètre. Elle donne :

$$V = \frac{\pi l}{4} \left(\frac{2D + d}{3} \right)^2$$

Pour comparer ces diverses formules, on a relevé avec beaucoup de soin les rayons d'un tonneau, dont on a divisé la demi-longueur en six parties égales. On a pu, de la sorte, tracer la courbe génératrice du tonneau. C'est cette courbe, avec les dimensions mesurées ou calculées, que représente la figure 85.

La longueur du tonneau, dans cet exemple, est de $0^m,72$. Les diamètres principaux sont, au fond, de $0^m,565$, à la bonde, de $0^m,66$.

En considérant le demi-fût comme composé de la succession des six troncs de cône déterminés par les six sections, on a trouvé, après de très longs calculs : $V = 222^l,5$. Résultat évidemment très approché, mais un peu trop petit.

---

(1) Dez, ancien professeur à l'École militaire.

difficile de mesurer les dimensions d'un tonneau à un millimètre près. Or, on s'assurera aisément qu'une erreur de un millimètre sur le rayon d'un fût de contenance ordinaire, se traduit par une erreur de un à deux litres sur la capacité.

Il faut donc ici se contenter d'une approximation.

Ceci dit, voici les mesures à prendre et les procédés à suivre.

On appelle hauteur ou diamètre du *bouge* le plus grand diamètre du fût qui correspond d'ordinaire au centre de la bonde. Le bouge est la partie renflée du tonneau.

On appelle *jable* la partie des douves faisant couronne saillante autour des fonds.

On détermine d'abord le diamètre moyen des fonds, en mesurant sur chacun d'eux deux diamètres en croix (à cause des irrégularités possibles) et prenant la moyenne de quatre mesures.

On mesure le diamètre intérieur du bouge en introduisant une canne par la bonde. On a soin, bien entendu, de déduire l'épaisseur d'une douve.

On détermine enfin la longueur intérieure du tonneau : elle est égale à la longueur totale extérieure, moins le double de la profondeur des jables et moins le double de l'épaisseur du fond.

On peut alors appliquer l'une des formules suivantes :

1° La formule des trois niveaux : $V = \dfrac{h}{6}(b + B + 4C)$.

Ici, $b = B$; la coupe moyenne C est la plus grande section du tonneau. On a donc

$$V = \dfrac{h}{6}(2b + 4C) = \dfrac{h}{3}(b + 2C).$$

Si l'on désigne par D et d le diamètre du bouge et celui du fond, on sait que :

$$b = \dfrac{1}{4}\pi d^2 \text{ et } C = \dfrac{1}{4}\pi D^2.$$

Alors :

$$V = \dfrac{h}{3}\left(\dfrac{\pi d^2}{4} + \dfrac{2\pi D^2}{4}\right) = \dfrac{\pi h}{4}\left(\dfrac{d^2 + 2D^2}{3}\right).$$

Cette formule donne des résultats généralement un peu trop forts. Mais elle est excellente lorsque la courbure, vers le bouge, n'est pas très prononcée.

SEPTIÈME LEÇON.

Il est aisé de voir qu'en opérant de la sorte, on calcule le volume d'un prisme de même longueur que le tronc, et dont la section serait un carré de même périmètre que la circonférence de moyenne coupe. En d'autres termes, la ficelle qui a embrassé le pourtour de l'arbre est considérée comme tendue aux quatre angles de manière à limiter un carré. Le vendeur, devant cette singulière façon de résoudre la quadrature du cercle, se laisse trop facilement convaincre que le cordeau n'ayant pas changé, la surface renfermée est demeurée la même; sans réfléchir qu'il suffirait de tendre peu à peu la ficelle, pour amoindrir cette surface jusqu'à zéro.

Évaluons l'erreur, et, pour plus de simplicité, supposons un arbre mesurant 1 mètre de circonférence moyenne.

La surface de moyenne coupe est alors à très peu près $\overline{0,1}^2 \times 8 = 0^m,08$.
La surface évaluée *sans réduction* donne :

Quart de la circonférence moyenne = $0^m,25$.
Carré de $0^m,25 = 0,0625$.
Erreur : $0,08 - 0,0625 = 0,0175$.

Or, 0,0175 pour 0,08 font 22 pour 100, négligés au préjudice du vendeur. L'acheteur ne porte en compte que 78 %.

Deux autres formules sont en usage, plus spécialement pour les bois à ouvrer : la formule au *sixième déduit*, la formule au *cinquième déduit*.

Elles consistent, à faire le carré du quart de la circonférence moyenne, diminuée au préalable d'un sixième pour l'une, d'un cinquième pour l'autre.

Avec l'exemple ci-dessus, la formule au *sixième déduit* donnerait :

$1^m - \frac{1}{6} = 0^m,833$ dont le quart est de $0^m,21$.

Et $0,21 \times 0,21 = 0^{mc},0441$ au lieu de 0,08.
Différence : $0,08 - 0,0441 = 0,0359$.

Or, 0,0359 pour 0,08 font 45 %.

L'acheteur ne porte en compte que 55 % du bois. Il était aussi simple d'évaluer le volume vrai et d'en porter en compte la fraction convenue comme propre à fournir du bois de charpente.

La formule au *cinquième déduit* donnerait :

$1^m - \frac{1}{5} = 0^m,80$, dont le quart égale $0^m,20$.

$0,20 \times 0,20 = 0,0400$ au lieu de 0,08.
Et 0,04 pour 0,08 font bien 50 %.

Jaugeage des tonneaux. — Les fûts sont plus ou moins bien confectionnés; la courbure des douves est plus ou moins régulière. La mesure *exacte* ne peut être obtenue rigoureusement. De plus, la courbure variant suivant les localités, les formules un peu précises relatives aux tonneaux d'un pays donneraient des résultats beaucoup moins sûrs si on les appliquait à des tonneaux d'une autre origine.

Il est bon de remarquer également, dès le début, qu'il est fort on s'en trouve. Les deux baguettes étant égales, la hauteur de la tige égale de même la distance.

En mesurant la distance qui sépare du pied de l'arbre l'observateur, on obtiendra la hauteur cherchée.

Mais il n'est guère facile de mesurer la circonférence moyenne.

On a alors recours aux principes suivants, que l'expérience confirme assez exactement dans la plupart des cas.

On prend pour base de l'arbre, non le ras du sol, mais la section à $1^m,20$ ou $1^m,30$ au-dessus, pour éviter les cannelures et les hanches qui déforment souvent le pied de la tige.

On admet alors :

1° Que la circonférence moyenne d'un chêne venu dans des conditions normales est les 9 dixièmes de la circonférence mesurée à $1^m,20$ du sol ;

2° Que, si l'on prend le cylindre qui aurait pour base la section à $1^m,30$ du sol, le volume de l'arbre est les 0,80 centièmes, les 0,75 centièmes ou les 0,70 centièmes de ce cylindre, suivant qu'il s'agit de taillis exploités à moins de 25 ans d'intervalle, de tailles à plus de 25 ans, ou de futaies pleines.

Bois à ouvrer. — Lorsque les troncs d'arbres sont destinés à être convertis en pièces de charpente, il convient de tenir compte de ce que tout le volume n'est pas utilisable. Le sciage en long fait tomber les parties rondes, lesquelles ne sont plus bonnes qu'à fournir des lattis ou des bois de chauffage.

Le rendement des bois ronds transformés en pièces de charpente est très variable. On admet, *avec exagération au profit de l'acheteur*, que la perte est de 45 °/₀ pour les bois équarris grossièrement, et de 50 °/₀ pour les bois purgés d'aubier et équarris à vive arête.

On calculera donc le volume de l'arbre en grume et l'on en prendra les 0,50 centièmes ou les 0,55 centièmes, suivant le cas.

Formules fausses en usage. — L'étude de la mesure du tas de cailloux nous a déjà montré à quel point il importait de débarrasser les formulaires en usage dans une foule de calculs, des règles fausses que l'on persiste à y insérer. Une nouvelle preuve de cette nécessité nous est fournie par les multiples contestations auxquelles donne lieu le cubage des troncs d'arbres.

Pour les arbres en grume, la règle indiquée est extrêmement simple. Cependant il y a des marchands de bois à brûler qui trouvent moyen de se faire livrer pour 100 francs de marchandise en n'en payant que 78 ou 79. Leur procédé consiste à faire usage précisément de la règle dite de mesure *sans réduction* : multiplier par la longueur, le carré du quart de la circonférence moyenne.

c'est presque toujours à la base, près des racines, et au sommet, où s'épanouissent en bouquet les branchages, que s'accusent le plus les irrégularités. Les éléments du tronc de cône ne peuvent, dès lors, être mesurés. C'est pourquoi on l'assimile à un cylindre ayant pour section la coupe faite à mi-hauteur. Le tronc étant peu conique, l'erreur n'est pas considérable.

La règle, pour les bois en grume, sera donc la suivante :
Multiplier la section prise à mi-hauteur, par la hauteur de l'arbre.

Pour obtenir la surface de la coupe moyenne, le moyen le plus commode, le plus rapide et très suffisamment exact nous est fourni par la règle connue (voir page 27) *prendre 8 fois le carré fait sur le dixième du tour*. C'est cette surface que l'on multipliera par la longueur du tronc.

Exemple : cuber un tronc d'arbre en grume, ayant $7^m,20$ de hauteur et $1^m,14$ de tour moyen.

$$\text{Vol.} = \overline{0,114}^2 \times 8 \times 7,20 = 0^{\text{mc}},748^{\text{dmc}}.$$

Arbres sur pied. — On peut mesurer très rapidement la hauteur d'un arbre sur pied à l'aide de l'instrument fort simple que voici. Chacun peut le construire et en faire usage.

On fixe deux baguettes égales, d'équerre l'une sur l'autre, puis on interpose l'une d'elles, tenue bien d'aplomb, entre l'œil et la tige de l'arbre, duquel on se rapproche ou l'on s'éloigne jusqu'à ce que le regard rasant les extrémités de la baguette verticale, atteigne en même temps les extrémités de la tige. On peut s'aider d'un fil à plomb ou simplement d'un caillou attaché au bout d'une ficelle pour maintenir la baguette bien verticale.

Alors, il y a ressemblance parfaite entre la figure formée par les deux baguettes et la figure formée par la hauteur de l'arbre et la distance à laquelle

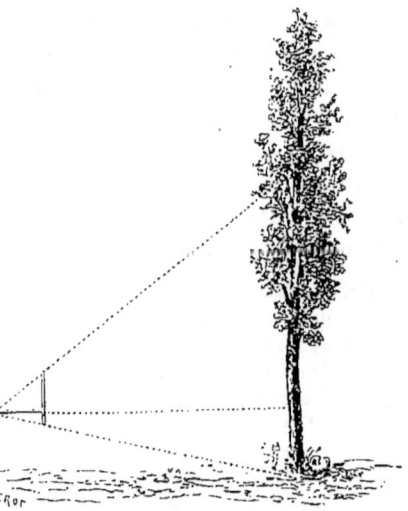

Fig. 84. — Hauteur d'un arbre.

prise en bas. Pour obtenir la longueur intérieure du haut, il faut ajouter (2,50 — 1,80) ou 0^m,70 à la longueur mesurée au niveau du sol.

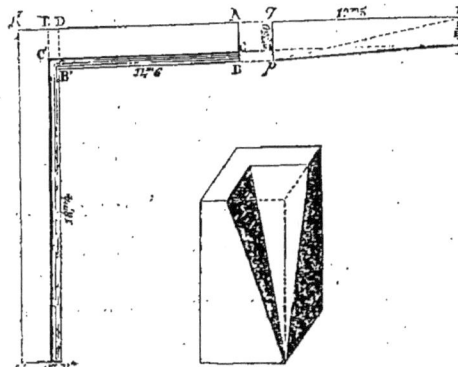
Fig. 83.

De même, on obtiendra les longueurs en dedans des murs et à mi-hauteur en ajoutant aux longueurs des bas, la moitié de (2,50 — 1,80) ou 0^m,35.

Enfin, chaque surface horizontale, la surface supérieure du mur, par exemple, peut être considérée comme se composant de 2 trapèzes assemblés à angle droit. Ces deux trapèzes ayant la même hauteur (1^m,80 pour le haut), on peut, pour ajouter leurs surfaces, ajouter d'abord leurs bases. On aura ainsi :

Longueur totale extérieure $= 20,90 + 14,10 = 35^m$.
— (en haut) intérieure $= 19,10 + 12,30 = 31^m,40$.
— (en bas) intérieure $= 18,40 + 11,60 = 30^m$.
— (moyenne) intérieure $= 18,75 + 11,95 = 30^m,70$.

$$\text{Surface supérieure} = \frac{35 + 31,40}{2} \times 1,80 = 59^{mq},76$$

$$\text{Surface inférieure} = \frac{35 + 30}{2} \times 2,50 = 81^{mq},25$$

$$4 \text{ fois la coupe moyenne} = 4 \times \frac{35 + 30,70}{2} \times 2,15 = 282^{mq},51$$

$$b + B + 4 C \quad \ldots \quad = 423^{mq},52$$

$$\text{Vol.} = \frac{423,52 \times 12,5}{6} = 882^{mc},333.$$

Cubage des troncs d'arbres. — Cette opération, extrêmement fréquente, soit pour le compte de l'État, soit pour le compte des particuliers, s'effectue de diverses manières, suivant qu'il s'agit d'arbres destinés à être convertis en bois de chauffage ou en bois de charpente.

Pour les bois de chauffage, l'arbre est débité, d'ordinaire, avec son écorce. Dans le mesurage au stère, l'écorce sera comptée comme bois. Il est donc juste d'évaluer le volume de l'arbre non écorcé, ou en *grume*.

Un tronc d'arbre bien droit et bien rond représente sensiblement un tronc de cône. Toutefois, cette régularité ne s'offre pas assez souvent pour qu'il y ait lieu d'employer la formule correspondante. D'ailleurs, mètres cubes, d'autre part, des cubes ayant 3 centimètres de côté et par conséquent $3 \times 3 \times 3$ ou 27 centimètres cubes de volume.

Donc, les deux objets sont entre eux, en volume, comme le cube de 3 centimètres de côté et le cube de 1 centimètre de côté; le premier a un volume $3 \times 3 \times 3$ ou 27 fois plus grand que le second.

Deux volumes semblables sont entre eux *comme les cubes de leurs dimensions semblables*.

La notion de la ressemblance est parfois d'une grande utilité pour déterminer, à l'aide d'un dessin ou d'une comparaison, des dimensions que l'on ne saurait mesurer directement.

Ainsi, on peut mesurer la hauteur d'un arbre à l'aide de son ombre. En mesurant l'ombre portée sur le sol par une canne; autant de fois l'ombre de l'arbre sera plus grande que celle de la canne, autant de fois l'arbre sera plus élevé que la canne.

On verra plus loin un autre procédé de mesure de la hauteur des arbres, également fondé sur la ressemblance.

PRINCIPALES APPLICATIONS DE LA TAKYMÉTRIE

Cubage d'un massif de maçonnerie. — Les murs de clôture, de construction ou de soutènement ont presque toujours la forme d'équarris ou de prismes, et il est facile de les cuber en multipliant leur section par leur longueur.

Lorsque le massif se compose de plusieurs murs se joignant à angle, et surtout si les murs ont des faces en talus, on peut chercher à décomposer le volume total en volumes partiels plus simples.

Mais le procédé le plus expéditif nous sera fourni, en général, par la règle des trois niveaux.

L'exemple suivant, emprunté à l'*Arithmétique* de M. E. Burat, est l'un des plus compliqués qui puissent se présenter.

Problème. — Deux murs en talus (*fig.* 83) de même section se joignent à angle droit; la base supérieure et la base inférieure de chacun d'eux sont horizontales et leur distance, c'est-à-dire la hauteur de chaque mur, est $12^m,50$; les faces latérales sont verticales, sauf la face interne, qui est en talus. Les longueurs des deux murs, à l'intérieur de l'angle et au bas du talus, sont : $18^m,40$ et $11^m,60$; l'épaisseur en haut du talus est $1^m,80$ et en bas $2^m,50$. — On propose de calculer le volume de cette maçonnerie.

L'examen de la figure montre immédiatement que pour obtenir la longueur extérieure de chacun des murs, en haut, il faut ajouter $2^m,50$ à la longueur ment des côtés d'un angle ne peut varier sans que l'angle ne change immédiatement de physionomie.

Pour que deux objets soient semblables, il faut donc, en résumé :

1° Que les angles de l'un soient égaux aux angles de l'autre.

2° Que toutes les lignes de l'un soient rendues dans l'autre le même nombre de fois plus grandes ou le même nombre de fois plus petites.

Surfaces semblables. — J'imagine deux figures semblables quelconques. Dans la première les longueurs sont, par exemple, dix fois plus grandes que dans la seconde. Cela revient évidemment à dire que si une dimension de la première est mesurée en décimètres, la dimension analogue de la deuxième comptera le même nombre de centimètres.

Alors, compter les décimètres carrés contenus dans la première revient à compter les centimètres carrés renfermés dans la deuxième. Et, comme chaque décimètre carré vaut 100 centimètres carrés, la première surface sera 100 fois plus grande que la seconde.

De même, imaginons les dimensions de la première triples des dimensions de la seconde. Chaque longueur d'un centimètre dans l'une, correspond à une longueur de 3 centimètres dans l'autre. Si la seconde est quadrillée en centimètres carrés, la première sera quadrillée en un nombre égal de carrés ayant 3 centimètres de côté et par conséquent 9 centimètres carrés de surface, chaque case du premier quadrillage étant 9 fois plus grande qu'une case du second quadrillage, la première figure est 3×3 ou 9 fois plus étendue que la seconde.

Aussi, *deux surfaces semblables sont entre elles comme les carrés de leurs dimensions semblables.*

Si un dessin est réduit au quart, la surface est réduite au seizième.

Volumes semblables. — Dire qu'un objet présente des dimensions dix fois plus considérables qu'un autre, c'est dire, avons-nous vu, que le premier compte, dans chaque sens, autant de décimètres que le second compte de centimètres.

Dès lors, à chaque décimètre cube de l'un correspond un centimètre cube de l'autre. Les deux volumes sont entre eux comme 1 décimètre cube et 1 centimètre cube; c'est-à-dire que le volume du premier est $10 \times 10 \times 10$ ou 1,000 fois plus grand que le volume du second.

De même, si l'un des objets présente des dimensions triples de l'autre; à chaque centimètre de celui-ci correspond un *triple centimètre* dans la dimension analogue de celui-là. Le quadrillage cubique des deux volumes nous donnera, en *même nombre*, d'une part, des centi-

SEPTIÈME LEÇON

SOMMAIRE. — La ressemblance. Caractères précis de la ressemblance. — Principales applications de la takymétrie. — Cubage d'un massif de maçonnerie. — Cubage des bois. — Jaugeage des tonneaux.

La ressemblance. — Tout le monde possède l'idée plus ou moins nette de ce qu'il faut entendre par le mot *ressemblance*. Il n'est personne qui, sans avoir acquis aucune connaissance spéciale, ne puisse dire d'un portrait ou d'un dessin : cela est, ou n'est pas, ressemblant.

Demandons-nous donc à quels caractères précis l'on peut juger de la ressemblance. Tenons-nous en, pour l'instant, à l'exemple très simple que nous offre le portrait. Je suppose un dessinateur, copiant un modèle. N'est-il pas évident que, s'il réduit la tête à la moitié des dimensions du modèle, il doit réduire également à la moitié et les bras, et les jambes, et les pieds et les mains ?

La première condition pour la ressemblance, est donc que toutes les dimensions du modèle soient, sur le dessin, rendues le même nombre de fois plus petites.

Si le dessin était *amplifié*, toutes les longueurs devraient s'y trouver le même nombre de fois plus grandes.

Et les angles ?

La même comparaison va nous fournir la réponse : le peintre qui dessinerait l'un des traits de son modèle, le nez, par exemple, plus pointu ou plus carré qu'il ne l'est réellement, n'obtiendrait qu'une caricature. Nous voyons clairement par là que les angles doivent conserver leur grandeur.

En un mot, de deux objets *semblables*, le plus petit, vu à travers un verre suffisamment grossissant, doit apparaître identique au plus grand. Car, lorsqu'on examine une figure à travers un verre grossissant, toutes les lignes de cette figure sont agrandies dans le même rapport; mais les directions de ces lignes ne changent pas, et l'écarte-

Une pyramide tronquée provient d'une pyramide coupée par un plan parallèle à la base. Un cône tronqué provient d'un cône coupé par un plan parallèle à la base.

Il existe une règle unique pour calculer le volume d'une pyramide tronquée, d'un cône tronqué, d'un tas de cailloux. Chacun de ces volumes vaut un équarri fait sur la hauteur, la demi-somme des dimensions en longueur et la demi-somme des dimensions en largeur, plus une pyramide faite sur la hauteur, la demi-différence des dimensions en longueur et la demi-différence des dimensions en largeur.

On entend ici par *dimensions* de chaque base la longueur et la largeur du rectangle équivalent à cette base.

$$\text{Vol. tas de caill.} = \left(\frac{L+L'}{2}\right) \times \left(\frac{l+l'}{2}\right) \times H + \left(\frac{L-L'}{2}\right) \times \left(\frac{l-l'}{2}\right) \times \frac{H}{3}.$$

$$\text{Vol. tronc de cône} = \pi H \left(\frac{R+r}{2}\right)^2 + \frac{\pi H}{3}\left(\frac{R-r}{2}\right)^2.$$

$$\text{Vol. tr. de pyr. rég.} = \left(\frac{\text{Périm.} + périm.}{2}\right)\left(\frac{\text{Ap.} + ap.}{4}\right) \times H$$

$$+ \left(\frac{\text{Périm.} - périm.}{2}\right)\left(\frac{\text{Ap.} - ap.}{4}\right) \times \frac{H}{3}.$$

La surface latérale d'un tronc de cône s'obtient en multipliant la circonférence moyenne par le côté ou apothème.

$$\text{Formule : S. lat.} = \pi (R + r) \times Ap.$$

Toutes les formules relatives aux volumes sont contenues dans la formule des trois niveaux.

$$\text{Vol.} = \frac{h}{6}(b + B + 4C).$$

SIXIÈME LEÇON.

A défaut, voici la formule classique : *Le segment de sphère vaut la 1/2 somme de ses bases multipliée par sa hauteur, plus le volume de la sphère qui aurait cette hauteur pour diamètre.*

Tronc de prisme triangulaire. — C'est ce qui reste d'un prisme triangulaire, coupé par un plan non parallèle à la base.

Pour calculer le volume d'un prisme tronqué, il suffit de le supposer couché sur l'une des faces, qui lui sert ainsi de base. On applique alors la formule des trois niveaux.

En appelant a, a', a'', les trois arêtes, b et h les dimensions du triangle, base primitive du prisme tronqué, la formule des trois niveaux donne :

$$\text{Grande base (tronc couché)} = \frac{a+a'}{2} \times b$$
$$\text{Petite base.} \quad . \quad . \quad . \quad = \quad \text{zéro.}$$

Dimensions de la coupe moyenne : $\frac{a'+a''}{2}$; $\frac{a+a''}{2}$ pour les longueurs et $\frac{b}{2}$ pour la largeur.

$$\text{Vol.} = \frac{h}{6}\left(\frac{a+a'}{2} \times b + 4\frac{a'+a''+a+a''}{4} \times \frac{b}{2}\right)$$

Ou, en mettant $\frac{b}{2}$ hors de la parenthèse :

$$\text{Vol.} = \frac{h \times b}{6 \times 2}(a + a' + a' + a'' + a + a'')$$

et en remarquant, que d'une part, $\frac{h \times b}{2}$ est la surface de la base triangulaire primitive, et que, d'autre part, la parenthèse contient 2 fois la somme des arêtes, on écrira :

$$\text{Vol.} = \text{base triangulaire} \times \frac{a+a'+a''}{3}.$$

On peut donc obtenir le volume du prisme triangulaire tronqué, en multipliant *la surface du triangle de base par la moyenne arithmétique des trois hauteurs du tronc.*

RÉSUMÉ

Tronquer une figure, c'est en enlever une partie.

Le trapèze est un triangle tronqué. C'est une figure de 4 côtés, dont deux sont parallèles. Les côtés parallèles s'appellent les bases ; leur distance prise d'équerre est la hauteur.

La surface d'un trapèze égale la demi-somme des bases multipliée par la hauteur, ou la base moyenne multipliée par la hauteur.

$$\text{Formule : } S = \left(\frac{B+b}{2}\right) \times H.$$

en question valent les 2/3 du prisme qui aurait pour base cette coupe moyenne.

$$\text{Vol. de ces pyramides} = \frac{2}{3} C \times H = 4C \times \frac{H}{6}.$$

Si nous réunissons maintenant cette série de pyramides aux deux pyramides trouvées d'abord, nous obtenons bien :

$$\text{Vol. à talus} = (B + b + 4C) \times \frac{H}{6}.$$

Cette formule est vraie pour le tronc de cône, lequel représente un volume de l'espèce précédente, avec une infinité de facettes en talus.

On s'exercera à retrouver, dans la règle universelle des trois niveaux, les formules relatives aux équarris, au prisme, à la pyramide, au cône, à la pyramide et au cône tronqués, au tas de cailloux, etc.

C'est la règle la plus importante de la takymétrie. A la rigueur, on peut oublier toutes les formules concernant les volumes, à la condition d'en retenir une : la formule des trois niveaux.

Segment sphérique. — On désigne sous ce nom le volume obtenu en coupant une sphère par deux plans parallèles. C'est une sphère tronquée.

La règle des trois niveaux s'étend aisément au segment de sphère. Reportons-nous, en effet, à la figure 66, et rappelons ceci :

Feuillet de la sphère = feuillet du cylindre — feuillet du cône.

Un segment de sphère de hauteur H (par exemple celui qui est compris entre la base de la 1/2 sphère et le plan coloré) n'est autre chose que la superposition d'un certain nombre de feuillets. Pour chacun de ces feuillets, on a l'égalité qui vient d'être rappelée. Donc :

Segment de sph. = segment de cyl. — segment du cône.

La règle des trois niveaux s'applique au segment du cylindre, lequel est un cylindre de hauteur H ; et au segment du cône, lequel est un tronc de cône de hauteur H.

$$\text{Segment du cylindre} = \frac{H}{6} (B + b + 4C).$$

$$\text{Segment du cône} = \frac{H}{6} (B' + b' + 4C').$$

$$\text{Segment de sph.} = \text{différence} = \frac{H}{6} [(B - B') + (b - b') + 4(C - C')].$$

Or, toujours en vertu de l'égalité rappelée tout à l'heure :

$B - B' =$ BASE cyl. — BASE cône = BASE segment.

$b - b' =$ base cyl. — base cône = base segment.

$C - C' =$ coupe moy. cyl. — coupe moy. cône = coupe moy. segment.

Donc :

$$\text{Vol. segment} = \frac{H}{6} (\text{BASE} + \text{base} + 4 \text{ coupes moyennes}).$$

Quand on connaît les premiers éléments du calcul algébrique, on peut, connaissant les deux bases et la hauteur d'un segment de sphère, calculer le cercle de moyenne coupe.

SIXIÈME LEÇON.

Règle universelle des trois niveaux. — Cette règle remarquable s'applique à tous les volumes compris entre deux bases parallèles reliées par des faces planes d'une inclinaison quelconque. Elle s'étend au cône, au tronc de cône, à la sphère, au segment de sphère, etc.

Tout volume compris dans cette catégorie égale le sixième de la hauteur, multiplié par la somme de la base inférieure, de la base supérieure et de quatre fois la coupe prise à égale distance des deux bases.

En appelant B et b les deux bases, H la hauteur et C la coupe moyenne, on aura :

$$\text{Vol.} = \frac{H}{6} (B + b + 4C).$$

La figure nous montre un volume compris entre deux polygones inégaux et des faces diversement inclinées. Par un point O pris au milieu de la hauteur, on a mené des lignes vers tous les sommets. Ces lignes déterminent :

1° Une pyramide ayant pour base B et pour hauteur $\frac{H}{2}$; vol. $= B \times \frac{H}{6}$;

2° Une pyramide ayant pour base b et pour hauteur $\frac{H}{2}$; vol. $= b \times \frac{H}{6}$;

3° Une série de pyramides ayant toutes pour sommet le point O et ayant pour bases les faces en talus. Prenons l'une des pyramides de cette série, et menons-en, par le point O, la coupe de niveau. Cette coupe est le triangle ombré.

Pour plus de clarté, mettons à part cette pyramide rose.

Sa base est un trapèze ; elle regarde la droite. Cette base trapèze a été dessinée en pointillé et remplacée par le rectangle équivalent ; substitution qui, nous le savons, ne changera rien au volume de la pyramide.

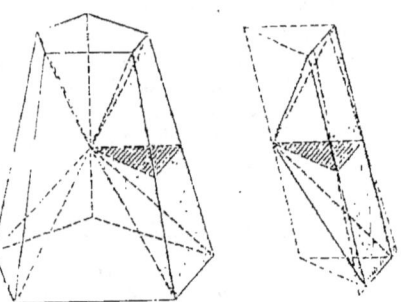

Fig. 82. — Formule des 3 niveaux.

Mais, sous cette nouvelle forme, il est facile de voir que *la pyramide rose vaut les deux tiers du prisme qui aurait pour base le triangle ombré*. En construisant ce prisme, nous y reconnaissons immédiatement, au-dessus et au-dessous du triangle ombré, la figure 58 (décomposition du prisme triangulaire en pyramides).

Ainsi, le volume rose situé au-dessous du triangle de coupe moyenne vaut les 2/3 de la moitié de prisme correspondante ; le volume rose situé au-dessus du même triangle vaut les 2/3 de l'autre moitié de prisme. Le volume rose total vaut donc les 2/3 du prisme total.

Mais nous en dirons autant de toutes les autres pyramides qui s'appuient sur les talus de la figure 82. D'ailleurs, l'ensemble des triangles qu'on obtiendrait en les coupant par le plan de niveau du point O, formerait précisément la coupe moyenne totale du volume à talus. Donc, à elles toutes, les pyramides

offre une sorte de trapèze dont les bases sont des arcs de cercle.

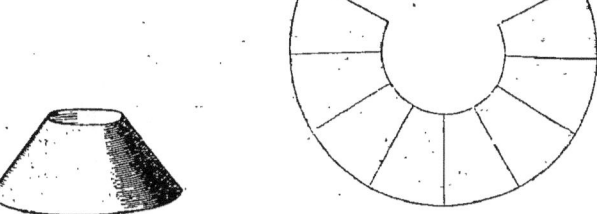

Fig. 78. — Abat-jour. Fig. 79. — Développement.

Ces arcs, nous allons les diviser en un grand nombre de parties égales, donnant naissance à autant de petits trapèzes que nous alignons côte à côte.

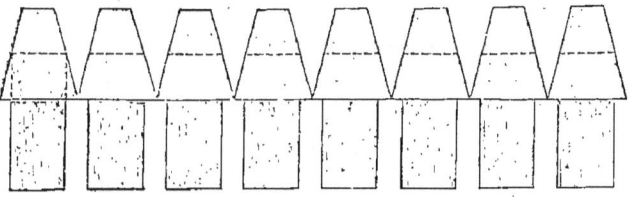

Fig. 80. — Abat-jour divisé en trapèzes.

Chaque trapèze vert est susceptible d'être remplacé par un rectangle rose ayant pour base la base moyenne du trapèze.

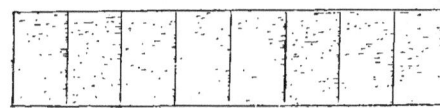

Fig. 81. — Rectangle équivalent.

Tous les rectangles de remplacement, disposés à la suite les uns des autres, forment une bande, dont la longueur, composée des bases moyennes de tous les trapèzes, reproduit précisément l'arc moyen du développement de l'abat-jour. Cet arc moyen provient de la circonférence moyenne de l'abat-jour.

Enfin, il est visible que c'est le côté ou apothème de l'abat-jour qui est devenu la hauteur commune des petits trapèzes, et par suite la hauteur du rectangle.

Le tronc de cône a donc pour surface latérale la base du rectangle multipliée par la hauteur de celui-ci, c'est-à-dire *sa circonférence moyenne multipliée par son côté ou apothème.*

Formule : surf. lat. $= 2\pi \left(\dfrac{R+r}{2}\right) \times Ap = \pi(R+r) \times Ap.$

SIXIÈME LEÇON.

vaut la totalité des tranches vertes, et les deux volumes à talus sont équivalents, du moment que leurs bases respectives sont équivalentes et leurs hauteurs égales.

Si l'un de ces volumes à talus est un tronc de pyramide (ce que l'on reconnaît à ce que ses arêtes, prolongées, iraient toutes se rencontrer en un point commun); la règle de mesure indiquée plus haut ne cesse pas d'être vraie. Par conséquent, le tronc de pyramide vaut :

Un prisme ayant pour base la section moyenne (qui a pour dimensions les 1/2 sommes des dimensions des 2 bases); plus *une pyramide ayant pour dimensions de base les demi-différences des dimensions des deux bases.*

Prisme et pyramide ont, bien entendu, la hauteur du tronqué.

Par *dimensions* d'une base du tronqué, il faut entendre la longueur et la largeur du rectangle équivalent.

Par exemple, si le tronc de pyramide est régulier, il vaut un prisme dont la base présente la 1/2 somme des périmètres et la 1/2 somme des apothèmes (coupe moyenne); plus une pyramide dont la base présente la 1/2 différence des périmètres et la 1/2 différence des apothèmes.

Volume et surface du tronc de cône. — Le tronc de cône provient d'un cône scié parallèlement à sa base. On peut dire aussi qu'il représente un tronc de pyramide dont les bases se sont arrondies.

D'après ce qui précède, nous pouvons dire tout de suite qu'il vaut :

Un cylindre ayant pour rayon la 1/2 somme des rayons de bases (coupe moyenne), plus *un cône ayant pour rayon de base la 1/2 différence des rayons du tronc de cône.*

Formule : $\pi h \left(\dfrac{R+r}{2}\right)^2 + \dfrac{\pi h}{3} \left(\dfrac{R-r}{2}\right)^2$

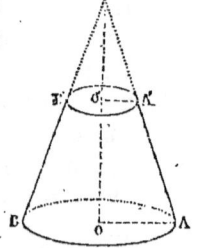

Fig. 77. — Tronc de cône.

Voilà pour le volume.

Et la surface ?

Voici un abat-jour. Fendons-le de haut en bas, en ligne droite; ouvrons-le et étendons-le sur un plan. Ainsi développé, il nous

La règle de la moyenne coupe compte en moins *une* pyramide d'angle. C'est le tort fait par l'acheteur au vendeur.

La règle de la moyenne des bases compte en trop *deux* pyramides d'angle. C'est le tort fait par le vendeur à l'acheteur.

Ces deux erreurs se combinent et engendrent des transactions véritablement immorales lorsque, par exemple, *l'on achète en tas plats pour revendre en tas pointus*.

Qu'on s'étonne, devant de tels résultats, de faits semblables à l'exemple cité par M. Lagout qui, appelé à Troyes, en 1872, pour des conférences, trouvait deux géomètres *praticiens* en désaccord à propos de la mesure d'un tas de sable, et en désaccord de trois cents mètres cubes environ sur onze ou douze cents que cubait le tas !

De pareils faits sont extrêmement fréquents, bien que constatés seulement quelquefois. Ainsi, aux abords des carrières et des mines, les pierres cassées et les minerais sont disposés, faute d'espace, en tas élevés par rapport à leur base. Le règlement de compte des ouvriers, effectué à l'aide de la première formule, se traduit par la suppression de 1/8 environ de leur travail. Puis, la fourniture étant livrée en tas plus nombreux, moins élevés, l'erreur sera réduite de moitié, peut-être. Mais que l'évaluation s'opère d'après la deuxième formule, et voilà la deuxième erreur rendue égale à la précédente. Total : un quart ou à peu près.

Il y a, dans l'emploi exclusif des règles justes, une question de confiance entre entrepreneurs et ouvriers, une question de régularité dans l'emploi des deniers de l'État, et, pour tout dire en un mot : une question de moralité.

Équivalence des tronqués. — Je prends deux volumes tronqués à faces planes, compris entre deux bases *parallèles* et possédant même hauteur; j'ai composé chacun d'eux à l'aide de tranches superposées en nombre égal; la première de ces assises, de part et d'autre, offre la même surface; la dernière aussi. Cela exige que les tranches, dans les volumes placés côte à côte, diminuent avec une égale régularité.

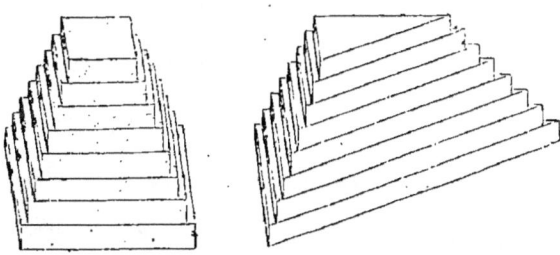

Fig. 76. — Équivalence des tronqués.

Les tranches de même niveau possédant même surface et même épaisseur, possèdent le même volume. La totalité des tranches roses

SIXIÈME LEÇON.

sont fausses et le sont inégalement. Elles donnent lieu à des erreurs quotidiennes de 12 à 15 % des volumes à évaluer, et qui peuvent en certains cas atteindre, pour l'une, près du *quart*, et pour l'autre, presque la *moitié* du volume en question. — Ces deux règles seront bientôt proscrites, vraisemblablement, par les administrations de travaux publics.

De ces deux règles fausses, l'une consiste à effectuer le produit de la demi-somme des longueurs par la demi-somme des largeurs des bases et par la hauteur du tas. Celui-ci se trouve ainsi assimilé à un corps équarri ayant même hauteur, et dont la base aurait des dimensions moyennes arithmétiques entre les dimensions analogues des deux bases du solide. Cette base serait fournie par le plan passant horizontalement à mi-hauteur du tas.

C'est la règle dite de la *moyenne coupe*.

L'autre méthode consiste à multiplier par la hauteur la moyenne arithmétique des surfaces des bases, que l'on assimile de la sorte à un équarri différent du précédent.

C'est la règle de la *moyenne des bases*.

Il suffit de se reporter à la règle vraie pour voir que, par la règle de la *moyenne coupe*, l'erreur est justement représentée par la 4ᵉ pyramide d'angle. Donc, cette erreur sera d'autant plus forte que cette pyramide d'angle aura plus de volume, c'est-à-dire, à hauteur égale, suivant que sa base sera plus grande ; ou enfin, selon que la *différence sera plus marquée* entre les deux bases du tas de cailloux.

En d'autres termes, l'erreur sera d'autant plus considérable, que le tas sera disposé plus en pointe.

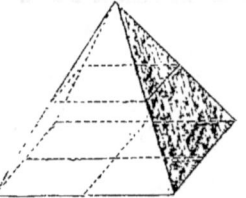
Fig. 75. — Fausse règle de la coupe moyenne.

Mettons donc, pour un instant, les choses au pis, et imaginons un tas de cailloux absolument pyramidal. Pour plus de simplicité supposons, comme base, un carré de 2^m de côté (et par suite, de 4^{mq} de surface).

La coupe faite à mi-hauteur est un carré de 1^m de côté ou un mètre carré. Supposons la hauteur égale à 3 mètres.

$$\text{Vol. vrai} = \frac{\text{Base} \times H}{3} = \frac{4^m \times 3}{3} = 4 \text{ mètres cubes.}$$

$$\text{Vol. (1}^{\text{re}}\text{ règle fausse)} = 1^{mq} \times H = 1 \times 3 = 3 \text{ mètres cubes.}$$

$$\text{Vol. (2}^{\text{e}}\text{ règle fausse)} = \frac{\text{Base} + \text{zéro}}{2} \times H = 2 \times 3 = 6 \text{ mètres cubes.}$$

(Dans l'application de la 2ᵉ règle fausse, en effet, la pointe de la pyramide compte pour une base nulle).

De la sorte, on voit que l'erreur en moins, par la règle de la moyenne coupe, est de 1^m sur 4^m de volume réel, ou du quart de ce volume réel.

Par la règle de la moyenne des bases, l'erreur s'élève à 2^m en trop, ou à la moitié du volume réel.

D'ailleurs, le tas représenté (*fig.* 75) peut être regardé comme la réunion des 4 pyramides d'angles d'un tas de cailloux ordinaire. Donc :

ment possible, suivant le cas, soit à l'aide du diamètre, soit que l'on connaisse la circonférence (comme lorsqu'on a mesuré le tour d'un arbre).

Voici deux expressions fort simples et qui ne comportent, l'une et l'autre qu'une erreur de 1/2 pour 100 environ.

La surface d'un cercle équivaut *au carré fait sur les 8/9 du diamètre.*

La surface d'un cercle vaut 8 *fois le carré fait sur le dixième du tour* (1).

Exactitude obtenue. — Comparons ces diverses règles, et, pour plus de simplicité, supposons qu'il s'agisse d'un cercle de 1 mètre de rayon. Le carré du rayon égale 1^{mq}.

La formule classique donne $S = 1 \times 3,1416 = 3^{mq},1416$.

1° La formule du *sou par franc* donne :

$$S = 3^{mc} + \frac{1}{20} \text{ de } 3^{mq} = 3^{mq},15.$$

Différence : $0^{mq},0084$ ou moins de $\frac{1}{3}$ pour 100.

2° La formule des $\frac{8}{9}$ du diamètre donne :

Diamètre $= 2^m$; les $\frac{9}{8}$ égalent $1^m,777$; carré de $1^m,777 = 3^{mq},16$.

Différence avec la formule classique : moins de 1 pour 100.

3° La formule du carré fait sur le dixième du tour donne :

Tour $= 6^m,28$; le dixième $= 0,628$; $0,628 \times 0,628 = 0^{mq},3944$; 8 fois ce carré $= 3^{mq},1552$.

Valeur qui diffère de moins de 1/2 pour 100 de celle que procure la formule classique.

Secteur. — C'est la portion de cercle comprise entre deux rayons, comme lorsqu'on découpe des parts dans un gâteau de forme ronde.

La surface d'un secteur égale *la longueur de l'arc multipliée par la moitié du rayon.*

Reportons-nous en effet à la figure (53). Il est clair que, si l'on prend un arc égal au tiers ou au quart de la circonférence, le nombre des triangles de décomposition est le tiers ou le quart du nombre total. La

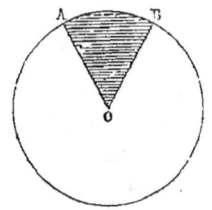

Fig. 55. — Secteur de cercle.

---

(1) Quand on désire, dans ce cas, une grande précision, on peut multiplier le carré de la demi-circonférence par le nombre 0,31831, qui représente $\frac{1}{\pi}$.

figure à dents de scie formée à l'aide de ces triangles, égalisée en un ruban, donnerait donc bien :

Longueur du ruban = longueur de l'arc.
Hauteur du ruban = 1/2 rayon.

On a recours aussi à un procédé qui permet de ne pas calculer la longueur de l'arc, lequel, habituellement, est donné en degrés.

Soit un secteur de 25° 40' dans un cercle de $2^m,50$ de rayon.

25° 40' = 1540'. Le secteur aura pour surface les $\frac{1540}{21600}$ ou les $\frac{77}{1080}$ du cercle entier.

Cylindre. — Si la base d'un prisme régulier s'arrondit et devient un cercle, le prisme devient un cylindre.

Le raisonnement présenté page 19 (*fig.* 43) prouve qu'un cylindre, aussi bien qu'un prisme, équivaut à l'équarri auquel on donnerait une base équivalente et la même hauteur. Il en résulte que le volume d'un cylindre s'obtiendra en *multipliant la surface du cercle de base par la hauteur*.

Enroulons maintenant une feuille de papier autour d'un cylindre et coupons-en les bords de manière à les faire se rejoindre exactement. Le cylindre se trouve ainsi entouré d'un manchon collant. Déroulons ensuite ce manchon qui reprend la forme rectangulaire.

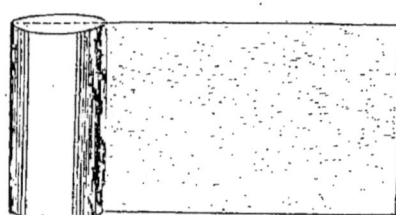

Fig. 56. — Cylindre déroulé.

Il nous offre, développée, la surface extérieure du cylindre, dont nous venons de prendre mesure sur le cylindre même.

La largeur de la feuille reproduisant alors le tour du cylindre, la hauteur de la feuille étant celle du cylindre, on voit que la surface *latérale* de celui-ci s'obtiendra en *multipliant le* tour *du cercle de base par la hauteur*.

En ajoutant les deux bases, on obtiendrait la surface totale du cylindre.

Il est à peine utile de faire observer que, dans les corps creux, tels qu'un gobelet ou un seau, la surface totale se compose de la surface latérale, plus une seule base, celle du fond.

QUATRIÈME LEÇON.

RÉSUMÉ

Une circonférence est une ligne courbe dont tous les points sont à égale distance d'un point intérieur appelé centre. Cette distance constante s'appelle le rayon. Deux rayons en ligne droite forment un diamètre.

Le cercle est la surface bornée par la circonférence.

Une portion de circonférence s'appelle un arc. La corde d'un arc est la ligne qui en joint les extrémités. La flèche est la distance du milieu de la corde au milieu de l'arc.

On peut donner la longueur métrique d'un arc. On peut aussi le comparer à la circonférence entière, qu'on suppose divisée en 360 parties égales appelées degrés. Un degré se subdivise en 60 minutes; une minute en 60 secondes.

Pour mesurer un angle, on mesure en degrés l'arc décrit entre ses côtés en prenant son sommet pour centre.

En divisant une circonférence en parties égales et en joignant les points de division, on obtient un polygone régulier, c'est-à-dire dont tous les côtés sont égaux, ainsi que tous les angles.

La surface d'un polygone régulier égale son périmètre ou son contour, multiplié par la moitié de son apothème.

Le côté d'un polygone régulier à 6 pans est égal au rayon.

Le tour du cercle est égal environ à 6 rayons plus le vingtième de 6 rayons; ou plus exactement, à $R \times 6,2832$, ou à Diamètre $\times 3,1416$. Le rapport ne peut être obtenu rigoureusement.

La surface d'un cercle s'obtient : ou par la formule Surf. $= \pi R^2$; ou en prenant trois fois le carré du rayon plus le vingtième du résultat ; ou en prenant le carré des 8/9 du diamètre, ou en prenant 8 *fois le carré fait sur le dixième du tour*.

On appelle cylindre un prisme dont la base est un cercle.

Le volume d'un cylindre s'obtient en multipliant la surface de la base par la hauteur. Formule : Vol. $= \pi R^2 \times H$.

La surface latérale d'un cylindre s'obtient en multipliant le tour du cercle de base, par la hauteur. Formule : S. lat. $= 2\pi R \times H$.

CINQUIÈME LEÇON

SOMMAIRE. — La pyramide. — Équivalence des pyramides. — Décomposition d'un prisme triangulaire. — Volume et surface de la pyramide.

Pyramide. — Le mot *pyramide* tire son origine d'un mot grec (*pyr*), lequel signifie : flamme. Il désigne, en effet, des corps terminés en pointe, comme les langues qui s'élancent d'un feu clair.

Pour nous, une pyramide est le volume renfermé entre une base quelconque et des faces triangulaires se réunissant en un point. Ce point s'appellera, naturellement, le sommet de la pyramide.

Équivalence des pyramides. — Dans une précédente leçon, nous avons fait pencher une pile de lames minces découpées en polygones. Rien ne nous empêche de composer d'une manière analogue une pyramide. Les lames minces devront, pour cela, décroître régulièrement de la base au sommet.

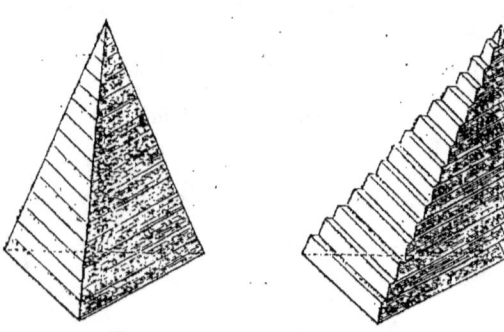

Fig. 57. — Pyramides équivalentes.

Forçons alors l'un des flancs de la pyramide à changer d'inclinaison. La pyramide perd sa physionomie, mais elle conserve, et sa base, et sa hauteur, et son volume.

Ainsi, deux pyramides de même base et de même hauteur sont équivalentes.

Volume de la pyramide. — *Une pyramide est le tiers du prisme de même base et de même hauteur.*

On le voit directement, si la pyramide a pour base un triangle.

CINQUIÈME LEÇON.

Pourquoi? Parce que, dans un prisme triangulaire, on trouve trois pyramides possédant des volumes égaux.

Je prends un prisme triangulaire; je le scie en biais de manière à détacher la pyramide rose.

Qu'est-il resté du prisme? Le volume dessiné à part : pyramide à 4 pans dont le sommet se trouve à gauche et la base à droite.

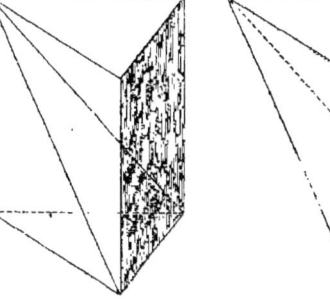

Fig. 58. — Trois pyramides dans un prisme.

Cette pyramide a 4 pans, j'en fais deux pyramides triangulaires par un second trait de scie, suivant la diagonale de la base. Les deux pyramides triangulaires ayant même hauteur, et pour bases les deux moitiés de la face dans l'ombre, sont équivalentes.

Mais la pyramide rose de la figure de droite peut être regardée comme ayant la pointe en bas et la base en haut. Elle offre, si on l'envisage ainsi, les dimensions de celle que j'ai séparée la première, sauf qu'elle est sens dessus-dessous.

Voilà donc nos trois pyramides. Sont-elles équivalentes? Oui; car les deux roses le sont certainement, et l'une d'elles équivaut à la verte.

Le prisme ayant pour mesure sa base multipliée par sa hauteur, la pyramide rose aura pour mesure sa base multipliée par le tiers de sa hauteur.

S'agit-il maintenant d'une pyramide quelconque? Débitons-la en pyramides triangulaires. Toutes ont la même hauteur. Dans l'addition de leurs volumes, par conséquent, le tiers de cette hauteur va multiplier toutes les bases triangulaires.

Cela revient à multiplier la base de la pyramide totale par le tiers de sa hauteur.

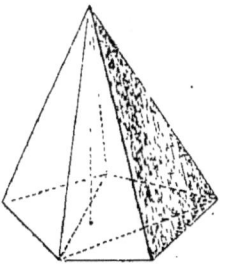

Fig. 59. — Pyramide décomposée.

Autre méthode. — Le solide décomposé en 9 pièces servant à l'étude du volume du tas de cailloux (voir la leçon suivante), contient un cube divisé en 3 pyramides identiques. On peut dès à présent avoir recours à ce cube pour trouver la règle de mesure de la pyramide.

Un cube est en effet décomposable en 3 pyramides dont l'égalité s'aperçoit d'emblée. Il suffit, pour les découvrir, de mener les diagonales partant d'un sommet du cube, le sommet supérieur de gauche, par exemple. De ces 4 diagonales, trois appartiennent aux faces contiguës ; la 4ᵉ passe à l'intérieur du cube. Les 3 pyramides ont respectivement pour bases :

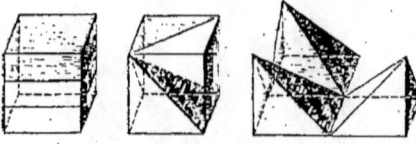

Fig. 60. — Trois pyramides dans un cube. Chaque pyramide vaut une tranche.

La face inférieure ou base du cube ;
La face de droite ;
La face postérieure.

Toutes les trois ont pour hauteur l'arête du cube. En les disjoignant pour les placer côte à côte, on se rend compte de leur égalité.

Chacune est le tiers du cube et vaut l'une des tranches représentées à gauche, c'est-à-dire un équarri ayant même base et une hauteur 3 fois moindre.

L'équivalence des pyramides de bases égales et de même hauteur montre que la règle subsiste lors même qu'une pyramide ne serait pas extraite d'un cube.

Remarque. — Si une pyramide était en sable, ou en argile, ou en toute autre matière friable ou molle, on l'*égaliserait* en l'aplatissant jusqu'à la réduire au tiers de sa hauteur.

Pyramide régulière. — Une pyramide est régulière lorsque sa base est un polygone régulier et qu'en même temps la hauteur de la pyramide tombe au centre de la base.

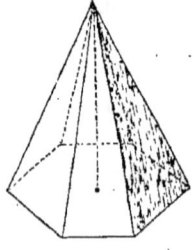

Fig. 61. — Pyramide régulière.

Pour connaître la surface d'une pyramide informe, on serait obligé de calculer séparément les surfaces de tous les triangles qui l'enveloppent. Mais, pour une pyramide régulière, le calcul se simplifie. Comme toutes les faces sont égales, il suffira de multiplier l'une d'elles par leur nombre.

Cône. — Si la base d'une pyramide s'arrondit et devient un cercle, la pyramide devient un *cône*, comparable à un pain de sucre ou à un cornet de papier coupé bien circulairement autour de l'ouverture.

La règle qui permet de trouver le volume d'une pyramide est vraie pour une pyramide à 1000 pans aussi bien que pour une pyramide à 3 ou à 4 pans. Cette règle est donc vraie pour un cône.

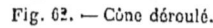

Fig. 62. — Cône déroulé.

Le volume du cône est donc égal à la *surface de sa base, multipliée par le tiers de sa hauteur.*

CINQUIÈME LEÇON.

Voulons-nous maintenant connaître la mesure de sa surface latérale ? Enroulons en cornet une feuille de papier autour du cône, et ne permettons pas aux bords de se recouvrir mutuellement comme dans un cornet ordinaire, mais coupons-les de façon que ces deux bords se rejoignent exactement le long du cône depuis la pointe jusqu'à la base.

Déroulons alors cette enveloppe. Comme le sommet du cône est également distant de tous les points du pourtour de la base, la pointe du cornet, une fois ouvert, va se trouver également distante de tous les points du pourtour développé. Il représente un secteur dont l'arc a été produit par la circonférence de base du cône.

Quant au rayon du secteur, il est formé par le côté ou apothème du cône. Or :

$$\text{Surf. secteur} = \text{arc} \times \frac{1}{2} \text{rayon}$$

Donc : $\text{Surf. cône} = \text{circonf. de base} \times \frac{1}{2} \text{apothème}.$

C'est là la surface latérale. En y ajoutant le cercle de base, on aura la surface totale.

Angle du développement. — Pour découper en secteur une feuille de papier ou de métal dont l'enroulement produira un cône (comme lorsqu'on veut faire un entonnoir ou un abat-jour), il est nécessaire de connaître l'angle compris entre les deux rayons du secteur.

Nous savons que :

Arc du secteur = circonférence de base du cône.

L'angle sera connu si l'on sait ce que vaut l'arc du secteur *par rapport à la circonférence dont il fait partie,* et qui a pour rayon le côté ou apothème du cône.

Circonférence entière du secteur = $2\pi \times \text{Ap}.$

Arc du secteur = $2\pi \times \text{R}.$

La longueur totale $2\pi \times \text{Ap}.$ correspondrait à 360 degrés.

Une longueur de 1^m de cette circonférence aurait $\dfrac{360°}{2\pi \times \text{Ap}.}$

Une longueur $2\pi \times \text{R}$ — — $\dfrac{360° \times 2\pi \text{R}}{2\pi \times \text{Ap}.}$

Cette longueur est justement celle de l'arc du secteur et répond à l'angle cherché. Donc, enfin, en simplifiant la fraction, l'on aura :

$$\text{Angle du développement} = \frac{360° \times \text{R}}{\text{Ap}.}$$

Sphère. — Une sphère est ce qu'on nomme vulgairement une boule ou un globe ; bien qu'on dise très souvent aussi : la sphère terrestre, la sphère céleste.

Une sphère est produite par un cercle ou un demi-cercle que l'on fait tourner autour d'un diamètre. Tous les points de la surface de la sphère se trouvent, par conséquent, à égale distance du centre du cercle tournant, centre qui est en même temps celui de la sphère.

Volume de la sphère. — Qu'on se procure une de ces boules qui, à l'arrière-saison, tombent des platanes de nos promenades publiques : on verra cette graine composée d'une multitude d'aiguilles allant toutes se rencontrer vers le centre. Si l'on avait la patience de les détacher, elles apparaîtraient comme autant d'étroites pyramides, ayant chacune pour base une petite portion de la surface extérieure de la boule.

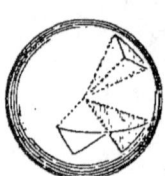

Fig. 63. — Sphère et pyramides.

Ainsi peut-il être imaginé d'une sphère quelconque. En marquant sur sa surface une multitude de points à égale distance les uns des autres et en joignant ces points au centre par des rayons, on remarque que 3 rayons voisins donnent naissance à une petite pyramide.

Séparons toutes ces pyramides et plaçons-les sur une table, la pointe en l'air et les bases se touchant sans interstices. Les pyramides ainsi implantées offrent l'aspect d'une espèce de mâchoire triangulaire à multiples rangées de dents; et les bases de ces dents, à elles toutes, couvrent un espace justement égal à la surface de la sphère que tout à l'heure elles composaient.

 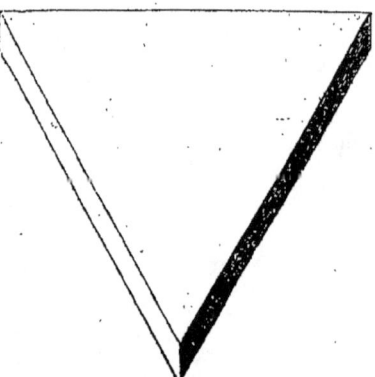

Fig. 64. — Pyramides placées côte à côte.   Fig. 65. — Égalisation en une plaque.

Or, nous savons que chaque dent pyramidale conserve son volume si on l'*égalise* en l'aplatissant au tiers de sa hauteur. La mâchoire se trouvera ainsi égalisée elle-même et transformée en une plaque qui a pour volume sa surface de base multipliée par son épaisseur.

Surface de la plaque = surf. de la sphère.

Épaisseur de la plaque = 1/3 du rayon de la sphère.

Surf. de la plaque $\times$ Ep. = Surf. sphère $\times \dfrac{1}{3}$ du rayon.

Le volume de la sphère égale donc *sa surface multipliée par le tiers du rayon*.

La surface de la sphère est égale à 4 fois celle d'un de ses grands cercles ou à $4 \pi R^2$.

Le volume peut alors s'écrire :

$$\text{Vol. sphère} = 4 \pi R^2 \times \frac{1}{3} R = \frac{4}{3} \pi R^3.$$

Surface de la sphère. — En déterminant par une autre méthode le volume de la sphère, nous allons trouver un moyen d'obtenir l'expression de la surface.

La figure 66 représente une demi-sphère inscrite dans un cylindre de même diamètre. Le centre de la sphère est en même temps le sommet d'un cône ayant pour base la base supérieure du cylindre. Je vais montrer que la demi-sphère est la différence entre le cylindre et le cône.

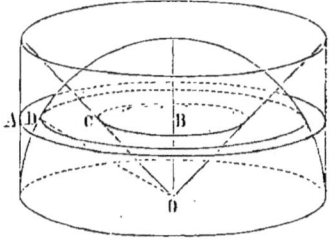

Fig. 66.

Alors :

$$\text{Vol.} \tfrac{1}{2} \text{sph.} = \pi R^2 \times R - \pi R^2 \times \frac{R}{3} = \pi R^3 - \frac{1}{3} \pi R^3 = \frac{2}{3} \pi R^3$$

Et vol. sph. $= \dfrac{4}{3} \pi R^3$.

Comme on sait déjà que vol. sph. = surf. $\times \dfrac{1}{3} R$, il faudra que :

$$\frac{4}{3} \pi R^3 = \text{surf.} \times \frac{R}{3} \,;\; \text{or}\; \frac{4}{3} \pi R^3 = 4 \pi R^2 \times \frac{R}{3}$$

C'est donc que : surf. sph. $= 4 \pi R^2$.

Pour montrer que la 1/2 sphère vaut le cylindre moins le cône, considérons les trois corps comme formés d'une infinité de feuilles très minces superposées. Nous verrons alors que :

1 feuille de sphère = 1 feuille de cylindre — 1 feuille de cône.

En effet : AB = DO (rayon de la sphère) et CB = BO (l'équerre CBO est à 45 degrés).

Donc : carré de AB — carré de CB = carré de DO — carré de BO :
Ou : $\overline{AB}^2 - \overline{CB}^2 = \overline{DO}^2 - \overline{BO}^2$ = carré de DB. (Propriété de l'équerre.)
Et enfin : $\pi\overline{AB}^2 - \pi\overline{CB}^2 = \ldots\ldots = \pi\overline{DB}^2$.
C'est-à-dire : feuille du cylindre — feuille du cône = feuille de la 1/2 sphère.
Et : cylindre — cône = 1/2 sphère.

RÉSUMÉ

On appelle pyramide le volume renfermé entre un polygone de base et des faces triangulaires se réunissant en un point. Ce point est le sommet de la pyramide. En abaissant du sommet une ligne d'aplomb sur la base, on a la hauteur de la pyramide.

Deux pyramides de bases équivalentes et de même hauteur ont le même volume.

On obtient le volume d'une pyramide en multipliant la surface de sa base par le tiers de sa hauteur. Cela se voit en décomposant un prisme triangulaire en trois pyramides équivalentes; puis en décomposant une pyramide quelconque en pyramides triangulaires dont on additionne les volumes.

Une pyramide est régulière lorsqu'elle a pour base un polygone régulier et qu'en même temps sa hauteur tombe au centre de cette base.

Un cône est une pyramide dont la base est devenue un cercle.

On obtient le volume d'un cône en multipliant la surface du cercle de base par le tiers de la hauteur. Formule : $V = B \times 1/3\, H$ ou $V = 1/3\, \pi R^2 H$.

La surface latérale d'un cône est égale à la circonférence de base multipliée par la moitié du côté ou apothème. Formule : S. lat. $= \pi R \times Ap$.

Un cône creux développé donne un secteur de cercle. L'angle de ce développement égale 360° multiplié par le rapport du rayon à l'apothème.

La sphère est la surface et le volume que produit la rotation d'un cercle tournant autour d'un de ses diamètres.

Le volume de la sphère s'obtient en multipliant sa surface par le tiers du rayon. Formule : $V = 4/3\, \pi R^3$.

La surface de la sphère est égale à 4 fois celle d'un de ses grands cercles.

SIXIÈME LEÇON

Sommaire. — Figures tronquées. — Trapèze. — Tas de cailloux. Décomposition d'un tas de cailloux en 9 parties se reconstituant en un équarri et une pyramide d'angle.— Equivalence des tronqués. — Troncs de pyramide.— Volume et surface du tronc de cône.

Tronquer une figure, c'est en enlever une partie et la laisser en quelque sorte, inachevée.

Le mot, ici, n'est pas détourné de sa signification ordinaire, car on dit dans le même sens : une phrase tronquée ; tronquer une citation.

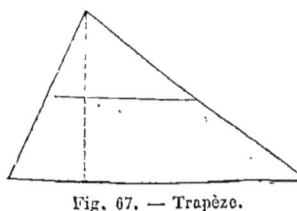

Fig. 67. — Trapèze.

Trapèze. — Si l'on tronque un triangle en le coupant parallèlement à sa base, on obtient la figure rose ci-contre, que l'on nomme un *trapèze*. On voit que le trapèze a 4 côtés, dont deux seulement sont parallèles.

Ces deux côtés parallèles s'appellent les *bases*. (La petite et la

Fig. 68. — Transformation du trapèze.

grande). La hauteur est, naturellement, la distance prise d'équerre entre les deux bases.

La surface d'un trapèze s'obtient en multipliant la 1/2 somme de ses bases par sa hauteur.

Fig. 69. — Rectangle équivalent.

Il suffit, pour le montrer, d'*égaliser* un trapèze, et en hauteur et en largeur ; c'est-à-dire de le réduire à un rectangle de même surface. Pour cela, je fais passer un fil à plomb par le point milieu du côté de droite, et un autre par le point milieu du côté gauche. Par là sont déterminées deux équerres vertes. Chacune ayant été détachée comme avec des ciseaux, je la place, en la retournant, contre l'autre moitié du côté correspondant.

Voilà la figure métamorphosée en un rectangle équivalent, offrant la même hauteur.

Base du rectangle = grande base trap. — les bases des équerres.
Base du rectangle = petite base trap. + les bases des équerres.

En ajoutant, l'on a

2 fois la base du rectangle = (grande base + petite base) du trapèze.
1 fois   —   = 1/2 somme des bases du trapèze.

Pyramide tronquée ou tronc de pyramide. — C'est ce qu'on obtient en coupant une pyramide par un plan parallèle à sa base. Un tronc de pyramide est à trois pans, à quatre, à cinq pans, etc., selon la pyramide qui l'a produit. Si les bases s'arrondissent, on a un tronc de cône.

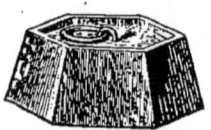
Fig. 70.
Tronc de pyramide.

Dans la plupart des livres et des formulaires, on trouve une règle très compliquée pour l'évaluation du volume d'un tronc de pyramide ou d'un tronc de cône. Il convient de substituer à ces règles, d'une application souvent pénible, une règle aussi exacte, plus simple et qui présente en outre l'avantage de s'adapter à toute une catégorie de volumes compris entre deux bases parallèles et inégales.

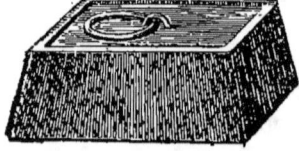
Fig. 71. — Volume à talus.

Parmi ces volumes, le principal, ou du moins celui que l'on rencontre le plus souvent, nous est offert par les tas de cailloux s'élevant de distance en distance sur les routes et servant à leur entretien.

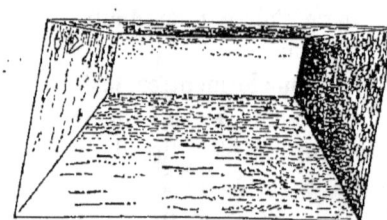
Fig. 72. — Tas de cailloux ou de sable.

C'est la forme que l'on retrouve dans l'auge du maçon, le tombereau du terrassier, le pétrin du boulanger, etc. C'est aussi la forme des gros poids en fonte.

Tas de cailloux. — Les quatre talus d'un tas de cailloux ont ordinairement la même pente.

SIXIÈME LEÇON.

Dans ce volume, l'on trouvera :

1° *Un équarri ayant la même hauteur, la demi-somme des deux longueurs, la demi-somme des deux largeurs.*

2° *Une pyramide ayant même hauteur, et, à sa base, la demi-différence des longueurs et la demi-différence des largeurs.*

Ces deux parties, je les découvre et je les sépare à l'aide des opérations suivantes :

Je mène un trait de scie le long de chacun des 4 côtés de la petite base, en suivant des fils à plomb qui pénétreraient dans le tas par ses 4 angles supérieurs.

Les 4 traits de scie étant donnés du haut en bas, dans toute la longueur et dans toute la largeur, le tas se trouve divisé en 9 pièces :

1° Un noyau central

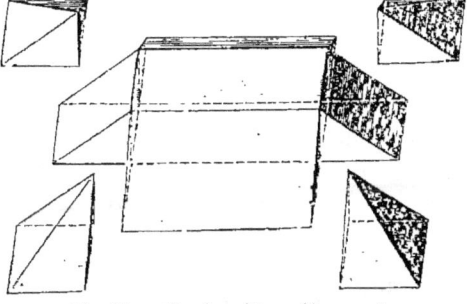

Fig. 73. — Tas de cailloux décomposé.

équarri; 2° 4 talus solides verts; 3° 4 pyramides d'angle, retirées et mises près des encoignures où elles étaient respectivement logées.

Je transporte maintenant (*fig.* 74) à droite le talus solide de gauche, mis sens dessus-dessous. Les deux plans de talus, égaux, s'appliquent l'un sur l'autre (comme deux équerres pour former un rectangle). Le tas se trouve ainsi équarri dans le sens de sa longueur.

Par une opération semblable, j'amène en avant le talus solide d'arrière. Le tas est alors équarri dans le sens de la largeur.

Pas complètement toutefois, puisque vers l'angle de droite, un vide a subsisté.

Dans ce vide, s'emboîterait exactement l'équarri rose dont on a dessiné le contour en

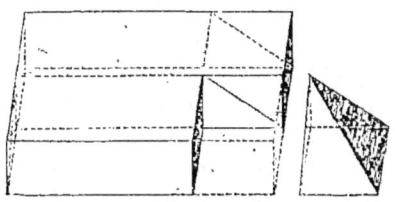

Fig. 74. — Tas de cailloux égalisé.
Un équarri + une pyramide.

lignes pointillées. Souvenons-nous alors des 4 pyramides d'angles négligées jusqu'à présent. La base de chacune d'elles est identique au rectangle vide. Par conséquent, le vide équarri vaut trois pyramides d'angles. Insérons-les, et voilà le tas tout à fait régularisé.

Seulement, pour en obtenir le volume complet, il faut ajouter la quatrième pyramide d'angle restée en dehors du grand équarri.

Dimensions du grand équarri. Sa longueur égale celle du petit équarri (noyau central) ou petite longueur du tas, plus 1 base de talus.

Mais si l'on ⎧ Petite longueur = bord rose.
ajoute ⎩ Grande longueur = bord rose + 2 bases de talus.

On obtient : Somme des longueurs = 2 bords roses + 2 bases de talus.
Et 1/2 somme = 1 bord rose + 1 base de talus.

Or, 1 bord rose plus une base de talus, c'est la longueur du grand équarri.

En regardant celui-ci dans le sens transversal, une comparaison analogue nous montre que

Petite largeur = petit bord rose.
Grande largeur = petit bord rose + 2 bases de talus.
Somme des largeurs = 2 petits bords roses + 2 bases de talus.
Demi-somme = 1 petit bord rose + 1 base de talus.

C'est la largeur du grand équarri.

Ainsi, le grand équarri a pour longueur la 1/2 somme des longueurs, et pour largeur la 1/2 somme des largeurs.

Dimensions de la pyramide d'angle. La hauteur est encore celle du tas de cailloux. La base est égale au vide rectangulaire de la base du tas (*fig.* 74).

Grande longueur = petite longueur + 2 longueurs vides.
2 longueurs vides = grande longueur — petite longueur.
1 longueur vide = 1/2 différence des longueurs.

De la même façon, on peut s'assurer que la largeur vide vaut la 1/2 différence entre la grande et la petite largeur du tas.

Ainsi, la pyramide restante a bien pour largeur de base la demi-somme des largeurs mesurées en haut et en bas du tas de cailloux.

Le tas de cailloux a donc pour volume :

La 1/2 somme des longueurs multipliée par la 1/2 somme des largeurs et par la hauteur, plus la 1/2 différence des longueurs, multipliée par la 1/2 différence des largeurs et par le tiers de la hauteur.

Formule : $\left(\dfrac{L+L'}{2}\right) \times \left(\dfrac{l+l'}{2}\right) \times h + \left(\dfrac{L-L'}{2}\right) \times \left(\dfrac{l-l'}{2}\right) \times \dfrac{h}{3}$

Formules fausses en usage. — Dans le formulaire géométrique des toiseurs et praticiens, on rencontre deux règles de mesure du ponton. Ces deux règles

www.ingramcontent.com/pod-product-compliance
Lightning Source LLC
LaVergne TN
LVHW021740080426
835510LV00010B/1306